日刊工業新聞社

はじめに

人々がスマートフォンを持ち歩くようになって衛星測位がいつでも利用できるようになりました。かつてカーナビゲーションが普及してきた頃、車に乗っている間は自分がどこにいるかがわかりましたが、いまは外を歩いていてもわかるようになりました。しかしまだ「秘境」があります。衛星測位が利用できない屋内や地下です。本書はこの最後の「秘境」に挑む技術である屋内測位とそれに関連する技術に関して、極力平易に解説することを目的に執筆しました。

都市は多くの建築物が立ち並び、特に交通の結節点となるターミナル駅の周辺は隣接する施設が接続し、雨に濡れずに移動できるようにはなりましたが、それは自分がどこを歩いているかを把握している人だけの利点です。都市部はますます発展をつづけ、地下空間も広大に広がりつづけています。位置情報の最後の秘境である屋内・地下空間は、いまや「ダンジョン」として立ちはだかっています。スマートフォンの普及のせいで衛星測位は日常化しているとともに、都市の発達もそれを前提としているかのように複雑さに目をつぶって拡大をつづけ、わかりにくくなる一方です。

残念ながら屋内測位は衛星測位とは違い、一つの技術で完結しているわけでも、決定版の技術が確立しているわけでもありません。いままさに日々新しい技術が展開され互いにしのぎを削っている中で、誰かがそれらを概観し整理する必要があります。本書はまさにその役割を果すものだと自負しています。屋内測位の普及はまだこれからですが、本書をお読みいただければ、その可能性は大きく広がっていることがご理解いただけると思います。

本書の構成は、屋内測位の基礎、歴史から始まり、携帯端末のセンサーを活用するPDR、施設内に設置された無線LAN基地局からの電波観測によるWi-Fi測位、近年とみに流行しているBLEビーコンタグによる測位を説明し、それ以外に利用可能になってきたセンサーを活用した測位手法を解説します。その後、これら単一の測位技術だけでいつでもどこでも位置がわかるのには無理があるため、これらの技術をハイブリッドしてシームレスに測位可能にするための手法について説明します。さらに測位技術には欠かせない施設地図と歩行空間ネットワークデータについて説明し、Apple、Googleをはじめさまざまなプレーヤがどのように取り組んでいるか、どのように屋内測位が利用される可能性があるかを解説します。最後に新しい可能性として、最新の技術動向と筆者が予想する未来の可能性についてふれて結んでいます。すべての解説項目は2ページで完結させ、理解の助けとなるようすべての項目に図版をつけています。

本書の執筆に際し、多くの方々にご協力いただきましたことをここに厚く御礼申し上げます。まず本書の姉妹書にあたる「衛星測位と位置情報」の著者である久保信明先生には、私に本書の執筆を薦めていただきましたことを感謝いたします。本書で述べられている多くの知見は私の研究室に在籍した多くの卒業生との研究活動の成果のおかげです。本書に掲載したさまざまな図版の提供をいただいたCambridge大学Andy Hopper教授、名古屋大学河口信夫教授、金具浩平様、原﨑將吾様、クウジット様、衛星測位技術様、屋内情報サービス協会様、日本消防設備安全センター様、加古川市様、国土交通省国土情報課様、同省総合政策局様、国土地理院様にも感謝しております。また、原稿をご確認いただき誤りの指摘や貴重なコメントをいただきました森亮様、坪内考太様、塩野崎敦様、石井真様、井上綾子様、原田勝敏様、村上克明様、西山大河様にも感謝しております。本書の出版の機会を頂き、原稿に対して貴重なコメントやご配慮をいただいた日刊工業新聞社書籍編集部の国分様および関係各位の皆さまに深く感謝いたします。

2018年12月

西尾 信彦

屋内測位と位置情報◆目次

第3章 Wi-Fi測位手法

第4章 BLE測位手法

第5章 新しいセンサー・デバイスの活用

第6章 ハイブリッドとシームレス

第7章 屋内地図と歩行空間ネットワーク

第8章 屋内測位と位置情報の活用

第9章 屋内測位の新しい可能性

第1章

屋内測位の基本

屋内測位の可能性

人生の2/3の時間は屋内で過しています

多くの皆さんはスマートフォンをお持ちだと思います。また、それを用いて自分の現在位置を知ることができ、Google Mapsに代表されるような地図アプリも利用できて、自分の現在位置をその地図上に表示させたり、目的地へのナビゲーションを利用されていることと思います。しかし、いったん建物の中に入るとどうでしょうか。その途端に衛星測位（GPSに代表される衛星を使った測位技術）による現在位置の計測は困難になります。これは衛星測位が複数の衛星からの電波を受信することによって位置計測を実現しているためで、建物の中では良好な電波信号を受信できない、もしくは建物内でも窓際などにいて受信できる状態だったとしても位置計測に必要な数だけの衛星が捕捉できないことによります。窓がまったく存在しない地下街、さらには地下鉄乗車時では状況は最も絶望的になります。

一方、皆さんの生活について考えてみましょう。欧米の人気メディア「Distractify」によると、平均的な人は人生の90％を屋内で過しており、また人生の25年間は寝て過しているとのことです。同誌によると2014年の米国人の平均寿命は78.6歳で、屋外で寝ている人はまずいないと考えますと、人生の2/3は屋内で目覚めて生活していることになります。仕事のような知的活動について考えると、知的活動時にはそれをアシストするような情報提供が望まれますが、それに位置情報が付加されているかどうかは大きな差異になると思われます。屋外での知的活動よりも屋内での知的活動の時間の方が長いのではないでしょうか。経済活動について考えてみると、おそらく多くの方は屋外でよりも屋内でお金を使われるのではないでしょうか。

つまり、屋内で位置がわかること（屋内測位と呼びます）は皆さんの生活を大いに助けてくれる可能性があることを示唆しています。これは単純に屋

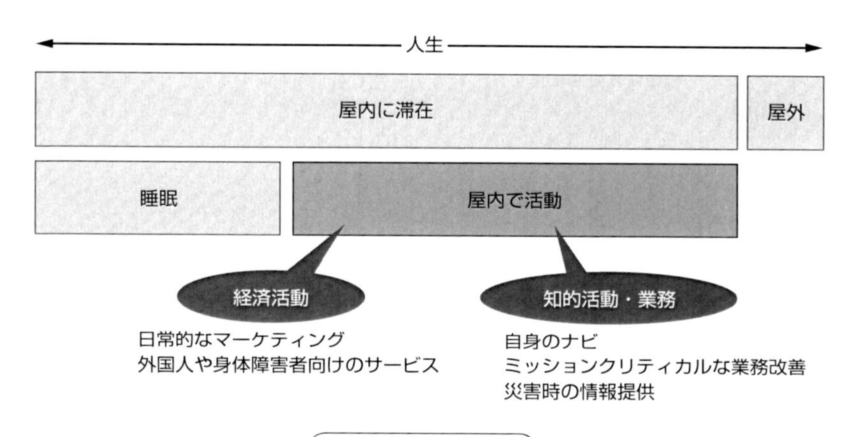

屋内測位の可能性

内でお店を探すとか地下鉄を乗り換えるとか、出口を探すとかといった消費者側でのナビゲーション用途だけにはとどまりません。店舗や施設を管理している側では施設のどこがどのように利用されているか、されていないかといったマーケティングに一喜一憂しています。屋内で働いている人の業務の効率化といった側面もあります。複雑な施設の管理や警備をする人、病院の中で一刻を争って行き来する医師や看護師、巨大化した物流センターでの作業や工場で求められる作業効率の向上など枚挙にいとまはありません。その他にも、オフィスでの資産管理のコンプライアンス維持のため、誰がいつどの部屋に入ったかが厳密に記録管理される必要がでることも予想されますし、外国人や障害者への施設からの親切なサービスの提供も今後はあたりまえのように要求されることでしょう。屋内測位が可能になることは大いなる可能性を秘めているのです。

POINT

- 人々が人生のほとんどを過す屋内で衛星測位を利用することは期待できない
- 屋内測位の実現には、ナビゲーション以外にも多くのビジネスチャンスが期待される

2 屋内測位はなぜむずかしいのか

独自の技術も必要な上に緯度と経度だけでは役に立たない?

衛星測位は屋内では機能しません。それではそれに代る技術は存在しないのでしょうか。衛星測位がなかった時代に、私たちがどのように位置情報を得ていたか考えればわかるようにそれは存在し、現在も発展を続けています。歴史的に位置情報はランドマークと呼ばれる目印になるような建物や施設を参照して、そこからの相対的な位置関係によって表現することから始まっています。ランドマークが既知ではない未知の世界に歩み出すにあたっては、磁気コンパスや天空の星によって方角を定め、自らの移動を自律的に測り、起点からの位置関係を認識する自律航法が編み出されました。灯台というランドマークを建設するということもありました。屋内測位の技術もまさにランドマークを活用する方法と、自律航法を活用する方法から発展しています。しかし、屋内ではランドマークを人が認識するのではなくシステムが自動で認識する技術の確立が必要であったり、自律航法を実現する特注の装置の携行が必要であったりと、最近までは実験室に閉じた成果でした。

衛星測位が機能するエリアでは、既にさまざまな位置情報のサービスを享受しています。カーナビゲーションから始まり、歩行者向けの店舗への案内、そのための地図表示、店舗や施設の情報提供、現在位置の近隣にどのような店舗、施設やサービスが存在しているかの提示などバラエティがあります。ここで気づいてほしいのは、測位が可能になるだけでは位置情報サービスが提供可能になるわけではないということです。地図という視覚的な表現以外に店舗や施設の情報も必要です。さらにあまり意識することがないと思いますが、ナビゲーションでルートを作るために必要な通行可能な経路ネットワークの情報が必須です。2008年にiPhone 3Gが日本に上陸し、それにGPS受信機が搭載されたことにより衛星測位が誰でも活用できるように

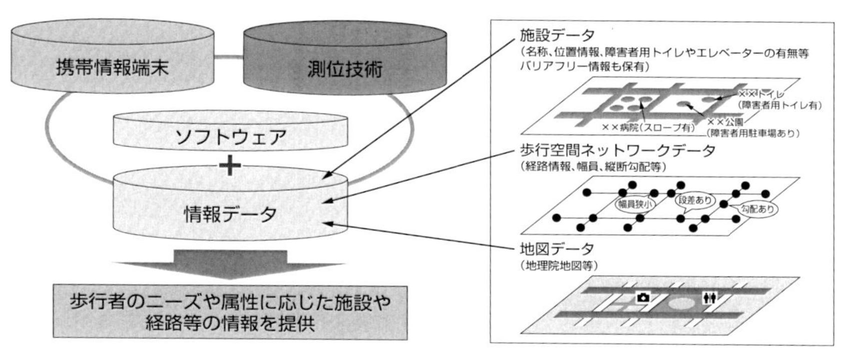

出典：平成29年3月 国土交通省 政策統括官付「歩行空間ネットワークデータ等整備仕様案」

位置情報サービスに必要な情報

なった時代には、既にGoogle Mapsが存在していました。Google Mapsにはデザイン的に優れた視覚表現があり、店舗・施設情報があり、もちろん経路ネットワークも完備して、それらをデジタル化してネットワーク経由で提供できる強力なバックエンドを備えていました。衛星測位は単に緯度と経度を数字で出力してくれるハードウェアにすぎず、地図と関連情報が提供され、維持管理されていなければ位置情報サービスを成り立たせることは困難です。

屋内測位技術自体は、歴史的にはこれらの地図と関連情報の充実とは関係なく進歩してきましたが、それらはあくまでもアカデミックな世界での話です。ビジネスとして屋内の位置情報サービスがより広く展開していくためには、屋内の地図情報が不可欠です。屋内測位技術が地図情報を活用することによって測位精度を向上させることもできますし、現にそのようにして屋内測位は発展してきているのです。また、屋外と違って、屋内施設は半公共とはいいながら商業施設などは基本的に私有地です。道路などと比べて更新の頻度が高く、複数の施設を一括して維持管理するにも困難がつきまといます。

POINT

- 屋内ではランドマーク方式も自律航法も実装が困難な時代が続いた
- 緯度と経度だけでは位置情報サービスは構築できず、地図、施設、経路ネットワークの情報が必要

3 屋内測位技術の現状

ランドマーク方式と自律航法から絶対位置推定へ

前項でも述べたように、ランドマーク方式と自律航法は以前から実証がなされてきました。ランドマーク方式では、1990年代にCambridge大学のAndy Hopper教授の研究室で赤外線を用いた「Active Badge」が有名です。ユーザが立ち寄る場所に赤外線センサーを常設し、ユーザもまた赤外線センサーを搭載した名札を装着して、両者が送受信しあうことによって位置情報が生成され、ネットワークを通じて研究室全体で共有されました。ランドマーク方式は、その後、赤外線から電波を用いるものに変っていきます。電波では携帯電話基地局、Wi-Fi（無線LAN）基地局、Bluetooth送信タグなどからの発信に対応するものが研究されています。それ以外のメディアでは可視光、非可聴音（超音波）を用いるものなどが研究開発されています。

一方、自律航法は初期のカーナビゲーションから搭載されていて、加速度センサーとジャイロスコープ、磁気コンパスなどを内蔵した慣性計測装置（Inertial Measurement Unit：IMU）がGPS（衛星測位）受信機と併用され、トンネルなどでの衛星測位不可状態に対応するために利用されていました。このような自律航法（Dead Reckoning）をパーソナルに歩行者（Pedestrian）に対して適用したものがPDR（Pedestrian's Dead Reckoning）です。カーナビゲーションで自動車のような剛体の動きを計測するのとは違って、人間は人体の各所を個々に動かして歩行するので、IMUの設置箇所や設置数などをさまざまに変えて研究されました。

ランドマーク方式では、ランドマークが存在しない場所では測位が不可能、もしくは困難になります。屋内であっても衛星測位のようにどこでも絶対位置を座標として計測できる方式が徐々に望まれていきました。空間内を網羅的に絶対座標として測位できる古典的な方式に三点測位があります。ま

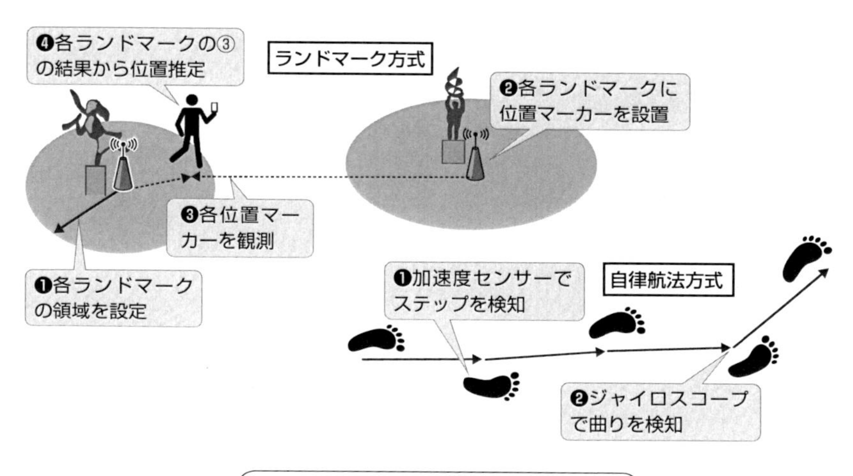

ランドマーク方式と自律航法方式

ずは超音波、Wi-Fiを用いたものがそれぞれ登場します。1990年代になってWi-Fiが普及しはじめると、施設内の各所にWi-Fi基地局が設置されていきました。Wi-Fiに接続するPCは各基地局からのビーコン電波を定期的に受信するので、複数の基地局からの受信電波の強度を測定して各基地局からのおおよその距離より自己位置を推定する方式が、Microsoft研究所から提案されました。また三点測位方式を音波で実現するものとして、Cambridge大学では超音波受信機を天井に一定間隔グリッドで設置し、Active Badgeを超音波を四方に発信するActive Batに置き換えたものを開発しました。

現在では、より広範な施設で特殊な機器を用いず、安価に測位環境が整えられるという観点から、Wi-Fiを用いた測位方式と、多くのユーザが携帯するスマートフォンのセンサーのみを用いるPDR方式、そしてそれらの併用が盛んに研究され、実用化されています。

POINT

- 赤外線、Wi-Fi、可視光、音波などによるランドマーク方式
- 加速度センサー、ジャイロスコープを用いた自律航法方式
- Wi-Fiの三点測位方式とPDRが現在の主流になっている

4 屋内測位の特徴

絶対位置と相対位置、ハイブリッドとシームレス

屋内測位の方式は既に述べたとおり多様です。一方、屋外で利用する測位方式は現状ではほぼ衛星測位の一択になります。屋内測位は多様に存在する技術の中からどれか一つが勝ち抜けるような状況にはないのが現状です。これは、それぞれに長所・短所があるというだけではなく、既に普及している設備や端末などで利用できるか否か、対象となる施設でのそれこそさまざまな制約に対応できる否かなど多くの要因によるものです。

屋内測位に限らず測位される位置には絶対的なものと相対的なものがあります。絶対的なものの例は衛星測位でも得ることができる緯度と経度でしょう。一般的に屋内測位でも絶対的な位置は緯度と経度、そして階層という屋内測位特有の高さ情報を用いて表します。一方、相対的な位置とはある特定の位置からの相対的な位置関係によって表現します。特定の位置の例としては位置が定まっているランドマークであったり、測位を開始するときの初期位置であったり、自己位置、つまり常に移動している自分との相対位置であったりします。Wi-Fi測位は絶対位置を測位しますが、PDRは初期位置からの相対的な位置しか推定できません。PDRはそもそも他の絶対位置を測位できる方式と併用することが運命づけられているといってもいいでしょう。

複数の測位手法を併用するのも屋内測位の特徴だといえます。これをハイブリッド測位と呼びます。Wi-Fi測位とPDRは典型的なハイブリッド測位の例ですが、それ以外にも、Wi-Fi測位とBluetoothタグを用いたBLE測位を併用する場合もあります。階層間の上り降りをIMUだけ、Wi-Fi電波だけで推定するのは難しいので、気圧計を併用することも多くなりました。施設地図から建築の通路や壁の位置関係によって壁を通り抜けないような制約を併用するマップマッチングと呼ばれるものもあります。

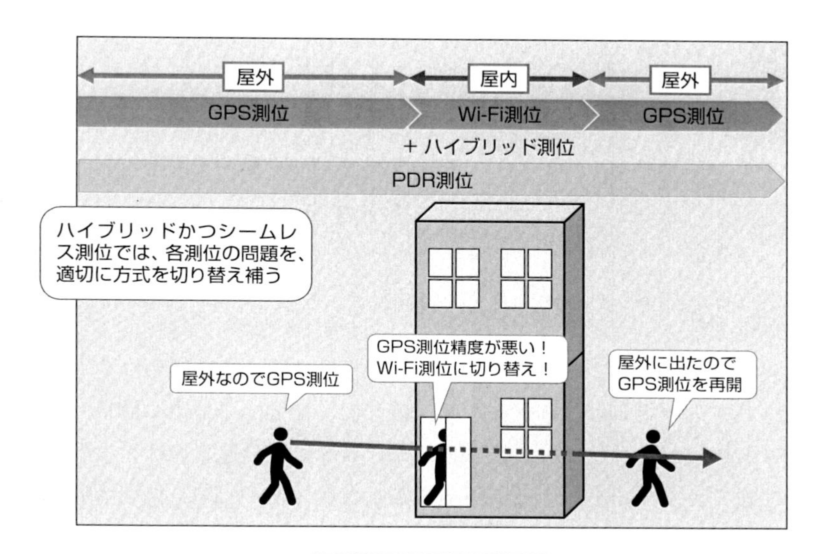

屋外と屋内の切替え

屋内測位は屋内だけ考えればよいわけではありません。施設には当然、屋外から進入しますし、いつかは退出します。屋外では衛星測位が利用されることになります。施設によっては屋内と屋外が入り混るような環境もあります。野球やサッカーの競技場、複数の長いプラットフォームを持つ鉄道施設、他にも都市部には複数の建築の低層部を接続する通路を有するショッピングセンターなども多く存在します。ユーザは環境によっていちいち測位方式を自分で切り替えるようなことはしたくありませんので、環境に適応して測位手法が切り替わるシームレス測位という方式が近年よく聞かれるようになりました。屋内測位には、測位はハイブリッドでかつシームレスであるべきという逃れられない使命がその特徴として存在しているのです。

POINT

- 屋内測位は１方式では完結できない
- 絶対測位と相対測位のハイブリッドや屋内・屋外のシームレスが要求されている

5 屋内測位の活用

ナビゲーションからマーケティング、防災、バリアフリーに

屋内測位はどのように活用されるのでしょうか。やはりナビゲーションが最初に思いうかぶでしょう。自分の位置を知り、目的地まで適切に案内してもらえます。屋内空間は、もちろん人工物です。都市はそのすべてが人工物に覆われた空間だといってもいいでしょう。それぞれの建築物はますます高層化してきており、地下にも広がって複雑化しています。例えば東京駅周辺エリアを北から南にみると、大手町駅から東京駅、二重橋前駅、日比谷駅、銀座駅、東銀座駅まで地下空間のみを経由して接続しており、その総延長距離は約18 kmに及ぶそうです。全経路上に地下空間に接続したビルが存在し、日本でも有数の地下空間ネットワークを構成しています。毎日の通勤通学で利用している方は慣れているでしょうが、そうではない方、海外の方、障害をお持ちの方など、移動支援の情報は多ければ多いだけ、新しければ新しいだけ嬉しいと思われます。

障害者に対してのバリアフリーはよく聞きはしますが、完成度はまだまだです。段差だけ回避できればいい方と、視覚障害の場合ではサービスの種類も変ってくるでしょう。位置だけがわかってもだめで、その方が向いている方向まで認識できる必要があります。また、地図の音声化も必要になります。

このように密集した都市空間でもしも災害が発生したらどうなるでしょうか。災害の種類によってどう避難すべきかは違いますし、時々刻々その状況が変化します。同じナビゲーションでもおそらく最高難度のものでしょう。

あなたの位置を知りたいのはあなただけではありません。施設の管理者は施設がどのように利用されているかに高い関心を持っています。商業施設であれば、すみからすみまで利用者が回遊してくれることを望むでしょう。どのように回遊しているかを把握できれば、それに合せて適切な商品の配置が

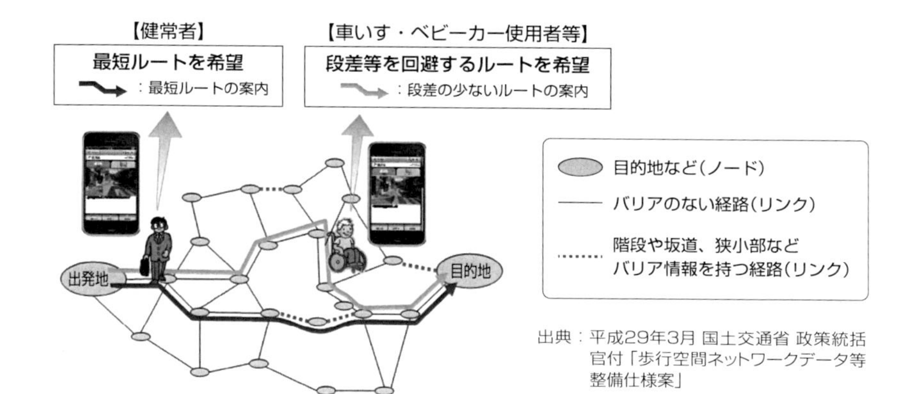

出典：平成29年3月 国土交通省 政策統括官付「歩行空間ネットワークデータ等整備仕様案」

ユーザに応じたナビゲーション

できますし、利用されていない箇所もわかり、改善の考案にいたるはずです。このようなマーケティング的な視点はデータがなければ始まりません。

一緒に仕事をしている人との位置情報の共有も業務の質の改善や効率の向上には重要です。動態管理システムと呼ばれる職員の位置情報の共有と見える化は、警備、医療、鉄道・運輸、物流などさまざま業種で注目されています。病院では医師、看護師、患者だけではなく医療機器ですらもそれぞれどのように動いているかが重大な改善の鍵になります。近年、大規模化した物流倉庫での作業も同様に、いかに移動や検索（ピッキング）の手間を減らすかが喫緊の課題となっています。組み立て工場でも同様でしょう。これまで活用できなかった屋内での位置情報が利用できることになれば、ますます大きな可能性を生んでいくことが予想されます。

POINT

- 単なるナビゲーションも複雑化した都市部では屋内測位が鍵となる
- ナビゲーションの対象は障害者、外国人などさまざまな需要がある。災害時には最もハードな状況となる
- どのように施設が利用されているかがわかればマーケティングに利することができ、他にも屋内測位で業務改善が可能な業種は広がっている

6 初期の屋内測位「赤外線通信」

Active Badgeはウェアラブルとセンサーネットワークのはしり？

前の項で紹介したCambridge大学のActive Badgeは最も初期に位置情報をコンピュータネットワークで利用可能にした研究事例だといえます。そもそもこの研究は1992年に発表されたものです。ネットワークは有線のイーサーネットが一般化しはじめた時期で、Wi-FiもBluetoothも存在しません。近距離で有線でなく手軽に利用できる通信メディアとして、まず赤外線通信が選ばれたのでしょう。赤外線は近距離での指向性のある通信媒体で、基本的に1対1の通信形態です。Active Badgeはその名前のとおり、ユーザが装着する名札に赤外線通信を組み込んだものです。通信相手はやはり赤外線通信機を持ち、ツイストペアケーブルでLANに接続するネットワークセンサーです。両者は対称的な機能を実装していて、前者がユーザ、後者はそのユーザが立ち寄る場所ごとに設置固定されます。内部にはマイクロプロセッサ87C751を備え、3度のバージョンアップを経て10秒周期で48ビットのコードを双方向通信できる通信ノードで、いまでいうIoTデバイスのはしりともいえます。ネットワークセンサーはユーザのデスクにあるコンピュータディスプレイや、共同で利用するプリンタ、英国ならではの例ではティールームの入口についていて、それぞれの場所にユーザのActive Badgeが現われたことを自動的に、もしくはユーザの意思によって（Active Badgeにはボタンがついています）把握し、LAN内のWebサーバがユーザの位置情報を集中管理していました。まさに現代の動態管理システムそのものです。ヨーロッパの研究機関だけでなく米国のXerox PARCやMITメディアラボなどにも導入され、総計で数千台の利用実績がありました。

Active Badgeを用いた位置情報サービスの例としては、Webブラウザで誰がどこにいるかを知る、ユーザの場所に近いプリンタを選択して出力す

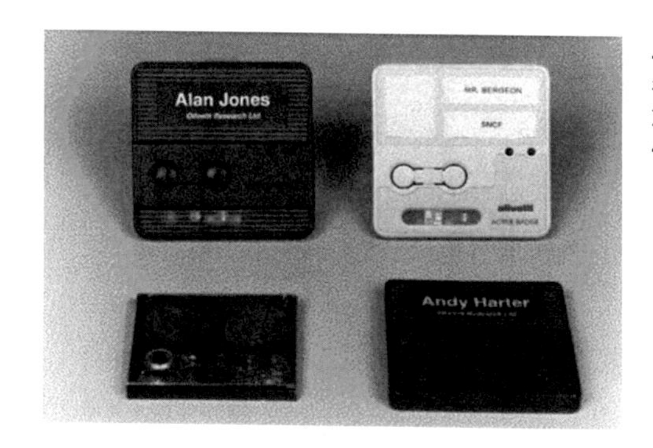

4世代のActive Badge：
名札には2つのボタンがつく。上段左の最終バージョンでは双方向で48ビット単位の赤外線通信が可能

Active Badge

る、機密性のある文書の場合にはユーザがプリンタに近づくまで出力しない、ユーザが座ったデスクのディスプレイにユーザのデスクトップ画面が「テレポート」してくる、などなど。Cambridge大学では数百のデバイスが日々の研究活動に実際に利用されていたといいます。デスクトップをテレポートする仕掛けは当初はX Windowを用いて実装されていましたが、それがVNCに発展し、現在の「リモートデスクトップ」になったのも有名です。

ヨーロッパということもありユーザの位置情報の取り扱いはプライバシーを考慮したものでした。常に位置情報を発信するだけでなく、自分が意図したときにだけボタンを押して位置をシステムに知らせることもできました。しかし、そのモードを利用していることが知られること自体を厭うメンバーもいて、それを見てあきれる米国人という構図を筆者は目撃しました。

赤外線通信は情報コードを交換することができ、それをユーザIDと位置コードとして実装したのがActive Badgeです。互いの赤外線が届く範囲でしか有効ではありませんし、位置分解能もネットワークセンサー単位とそれなりですが、上記のサービス利用といった観点では十分であったでしょう。

POINT

- 赤外線は簡易で、位置情報を生成する近距離通信に向いたメディア
- Active Badgeはウェアラブルとセンサーネットワークのはしりのシステム

初期の屋内測位「超音波測位」

超音波は遅い？

その後Cambridge大学が進んだのは、網羅的で高解像度の位置情報の生成でした。次に彼らが選んだ測位媒体は超音波でした。音波なので秒速300 m程度で伝達され、電磁波（赤外線）よりとても遅いのでコンピュータのクロックで容易に到達遅延を計測でき、誤差はcm以下におさめられます。

彼らは研究室棟の天井に1 mグリッドで超音波の受信機を敷設して、それらすべてをLANに接続しました。Active Badgeの代りにユーザがつけたのは超音波発信機であるActive Bat（眼が見えず超音波で障害物を知覚する蝙蝠の意味。以下、Bat）でした。Batの初期プロトタイプは小さな半球ドームに複数の超音波発信機を設置し指向性の強い超音波のパルスを四方に発信するようになっていました。最終的にはかなり小さく実装されましたが、赤外線と比較して電力消費が大きいので電池の大きさが寸法を決めました。研究室メンバーは皆、Batを首からぶらさげて研究室での日常生活をしていました。BatとLAN内の機器の時刻をNTPなどで正確に同期させることで、Batが超音波パルスを発信した時刻と天井の複数の受信機がそれらを受信した時刻が集中管理サーバに記録され、そこからBatの三次元位置の座標を測位計算します。理論的には天井の3つ以上の受信機が超音波パルスを受信できれば測位可能です。この測位はTime of Flight（ToF）方式と呼ばれ、媒体の移動（flight）する時間を計測できる場合に、それを距離に換算するものです。天井全面に1 mグリッドで受信機が敷設されているために、3つよりも多くの受信機で受信されます。ユーザはBatを胸の前につけ、超音波パルスは指向性をもって各自の前方にのみ発信されますので、この受信できた受信機の配置を分析することによってユーザが向いていた方向も同時に計算されました。このような測位は数秒に1回から1秒ごとまで設定を変えるこ

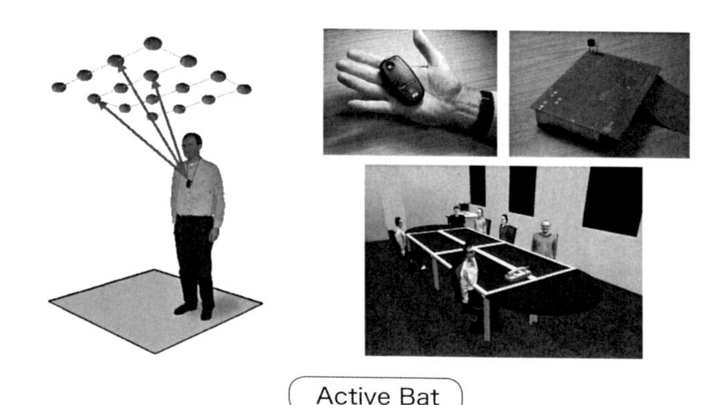

Active Bat

とができましたが、当然頻度が増せば電池消費が激しくなります。

彼らは電話、プリンタ、デジタルカメラなどさまざまなアプライアンスにもBatを装着し、研究室全体をサイバー空間にビジュアルに再現しました。いまでいうデジタルツインを既に実現していたともいえます。メンバー全員やBatを装着したアプライアンスがアバターとしてサイバー空間に視覚化され、現在位置に応じたサービスとユーザインタフェースが提供されていました。実験室の壁にはカメラや照明へのコマンドが記された付箋が何枚か貼られていて、その前でBatのボタンをクリックすることにより、それらが実行されていきます。ディスプレイとの距離に応じて表示されるコンテンツを変化させたり、Bat自身を空間で動かすことにより三次元ポインティングデバイスとして活用する例などが紹介されています。

Active Batは大変に先進的なシステムで、位置ベースのサービスやインタフェース、デジタルツインなど新しい概念を体験することができましたが、施設全域の大規模な改修が必要でした。投資しただけの研究成果が出ましたが、高額な初期費用のため一般に普及するという形にはなりませんでした。

POINT

- Active Batは超音波を用いた測位システムで、cm級の高精度を実現できる
- 測位可能なエリアを増やすためには初期投資がかさむ

COLUMN

最も測位がむずかしい「屋内」はどこ？

屋内測位のさまざまな手法が研究開発されています。ただ、単一の手法ではカバーできるエリアは限定されます。ビルやショッピングセンター、地下街などの広域施設ではどうしても複数の測位手法を併用したハイブリッド手法が必要になります。筆者のこれまでの経験では、屋内測位の難しさはフィールドごとに事前に位置情報を整備する必要があること、複数の測位手法をシームレスに統合することにあると考えています。その意味では、単一の環境のみがつづいて通路が多い地下街は比較的くみしやすいフィールドといえます。一方、さまざまな環境が複合する巨大ターミナル駅や競技場は屋内測位が難しい環境だといえます。巨大ターミナル駅では細長く互いに近い距離にあるプラットフォームがいくつも並び、地上のターミナルの場合は衛星測位を邪魔する屋根があって屋内とも屋外ともいえない環境がつづきます。そのプラットフォームからは地下通路がつづき、さらに広大な地下空間と目紛しく環境が変化します。球場などのスタジアムの場合は多くの通路が半屋外状態になっており、それぞれの通路が細かくつながっている上に、衛星測位を邪魔する屋根やドームが環境の一部を覆っている場合もあります。屋内競技場の場合は巨大空間内での細かな測位が必要になり、これもまた難物です。

第 2 章

PDR測位手法

8 PDRの概要

PDRは相対的だけど、環境へのインフラは不要

PDRはPedestrian's Dead Reckoningを省略した言葉で、歩行者用の自律航法を意味します。自律航法ですから、移動体に装着したセンサーだけで移動軌跡を推定する技術であり、環境への特別な機器の設置等は必要としません。PDRに限らず自律航法一般に以下の2つがいえます。

- 得られる軌跡は初期位置からの相対的なものである
- 移動がつづくほど誤差が累積する

特に誤差の累積という弱点は仕方がないとしても、初期位置と初期の進行方向がわからないと絶対位置を得ることができないというのはPDRの大きな弱点です。このためWi-Fi測位などの絶対位置の測位手法と併用される場合がほとんどで、それにより移動軌跡の絶対座標への変換と、定期的な累積誤差のキャンセルが実施されます。用いるセンサーの性能や移動体の移動様式によってさまざまな手法が存在しており、最近ではPDRの歩行者を表す「P」の部分にさまざまな含みを持たせたXDRという言い回しも用いられるようになりました。「X」には車椅子やカート、自転車、自動車、ロボットなどが想定されています。

PDRでは、特に歩行者の歩行を認識するということで必ず加速度センサーとジャイロスコープが用いられます。この他に絶対方位を認識するための磁気センサーや階層移動を認識するための気圧センサーが追加される場合もあります。最近ではこれらのセンサーすべてがスマートフォンに搭載されているため、PDRの実現は非常に身近になりました。ただ、もともとカーナビゲーションに用いられてきたIMUに比較すると、スマートフォンのセンサーはMEMS技術を適用した極小のセンサーがほとんどで、毎回初期調整が必要であったり、温度による影響を受けやすかったり、累積誤差も大き

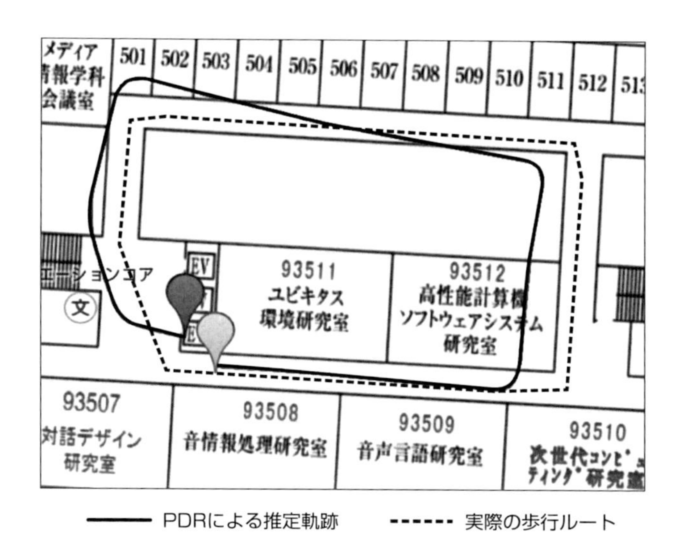

PDR測位

くでてしまったりするために、次項以降に紹介するような工夫が必要です。カーナビゲーションのIMU、スマートフォン出現以前に用いられてきた歩行者に特化したセンサー、スマートフォンのそれぞれの場合でのもう一つの違いは、センサーの取付け方です。自動車は車体に固定されますが、初期の特化型のセンサーは複数を足の甲や腰などに固定します。スマートフォンの場合はさらにバラエティがあり、ポケットに入れる、手で胸の前に持つ、手持ちで手振りしている、首から下げる、バッグに入れているなどなど。このそれぞれで軌跡を推定する最適なアルゴリズムは異なってきます。歩き方には個人差、つまり一歩の長さや歩調が異なる場合がありますので、PDRでは利用開始時に歩き方の特徴の学習フェーズを取り入れる場合もあります。

POINT

- **PDRは相対的な歩行軌跡を推定し、累積誤差が生じる**
- **絶対的な測位手法と併用されることがほとんど**
- **PDRはスマートフォンに装備されたセンサーで実現可能**

基本的なPDRの仕組み：端末座標系と世界座標系

センサーの出力値はそのままでは使えない？

PDRの最も一般的な手法は加速度センサーを用いて歩行時のステップを検知し、ジャイロスコープを用いて曲りを検知し、それらから軌跡を描きます。ステップ検知で始点からの歩数がわかりますから、単純には歩幅×歩数で始点と現在位置との距離が推定できます。もちろん、この間で曲っていると狂いがでるので、曲りの検知がなされるまでの話です。曲りはジャイロスコープで角速度が出力されるので、それを時間で積分することで初期の方向から現在向いている方向がどれだけ曲っているかが推定できます。

センサーから出力されるのは計測周期ごとに3つの値です。これらは三次元空間の値であることを意味していて、それぞれがX軸、Y軸、Z軸に射影した値ということです。この座標系はセンサーが搭載されている端末の視点のもので、端末座標系といわれます。スマートフォンの端末座標系は、端末を縦長に向けたときの右がX軸の正の方向、上がY軸の正の方向、端末画面の法線方向がZ軸のように決めます。ある時刻に物理的に受けている加速度は、端末がどのような姿勢であるかによって、まったく異なった出力値となってしまいます。そこで、一般的にはそれが端末の姿勢に影響を受けないように座標系を変換して、いわゆる世界座標系に変えることになります。

世界座標系では、例えば東がX軸の正の方向、北がY軸の正の方向、重力と逆がZ軸の正の方向などと決めます。端末の姿勢が終始変化するような状況では、この座標変換を厳密に実施するのは少し面倒です。そこでPDRにおいてよく用いられるのは以下の2つの、加速度の合成ベクトルの大きさのみに注目する手法とZ軸成分のみに注目する手法です。加速度センサーがステップ検知にのみ利用されるのであれば、幸い脚が着地するごとの加速度が最も顕著にかつ周期的に観測されるので、加速度ベクトルの大きさというス

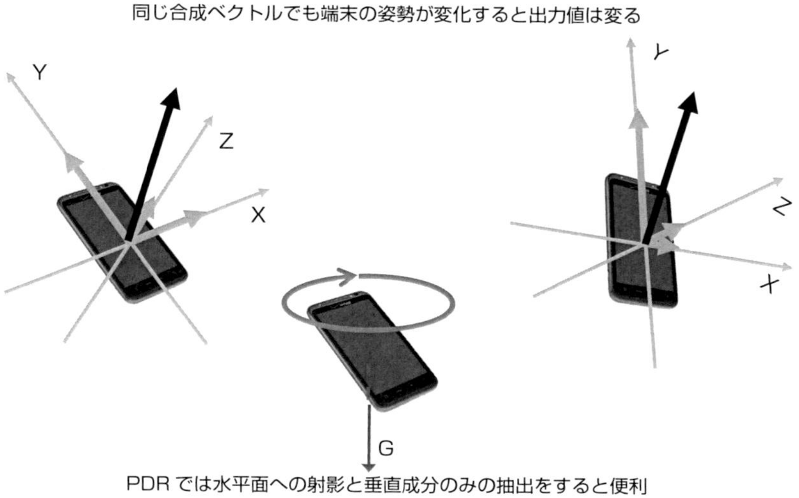

同じ合成ベクトルでも端末の姿勢が変化すると出力値は変る

Y
Z
X
G

PDRでは水平面への射影と垂直成分のみの抽出をすると便利

PDRの座標系と出力値

カラー値に変換しても検知はほとんど成り立ちます。脚が着地するときの変化はまさに鉛直方向なので、世界座標系でのZ軸のみを射影して分析すれば簡易に検知が可能です。さらに、地球上では常に世界座標系の鉛直方向、つまりZ軸に一定の重力加速度がかかっています。端末を携行するユーザの動きが静止に近ければ出力値は重力加速度のみなので、これを検知することができれば、Z軸を知ることが可能です。X軸とY軸を把握する必要がある場合には磁気センサーを活用することが考えられます。この座標変換は端末の姿勢がほとんど変化しなければ必ずしも毎周期に行なう必要はありません。スマートフォンはさまざまな携帯方法があり、それが頻繁に変化するため、自動車などに固定して設置するIMUにはない難しさが加わります。

POINT

- 加速度センサーとジャイロスコープの出力は端末座標系
- ステップ検知には出力ベクトルの大きさや重力方向の成分に着目
- PDRでは端末の姿勢や携帯方法に常に注意する必要がある

10 基本的なPDRの仕組み：ステップの検知

平滑化した波形から極値を見つける

加速度センサーによるステップの検知の詳細について説明します。具体的に加速度の合成ベクトルの大きさを見てみると図のような波形をしています。実はこの波形は合成後に平滑化というローパスフィルターをかける処理をしています。センサーの出力値は常に誤差を含んでおり、その影響を低減するために、一つの出力値を時間的に近くの値との平滑化をするローパスフィルタを用いることで波形を滑らかにする処理です。ステップ検知は秒単位であり、加速度センサーの出力は10から20ミリ秒単位であり、ほとんど遅延の影響はありません。

波形を見ると極小値と極大値が周期的に繰返されていることに気づきます。これがステップ検知の鍵となりそうです。ただ、歩き方の個人差や携帯方法によって、小さな極値がステップ以外の時点で発生してしまうこともあります。平滑化のローパスフィルタをきつくすれば減らせますが、ゼロにはできません。そこで、極小値の最大限界値や極大値の最小限界値（もしくは極大値と極小値の最小間隔）、隣接する極値間の最小時間間隔などを閾値として導入して推定の精度を向上させます。これらの閾値は歩き方の個人差を表現していたり、スマートフォンの携帯方法ごとの最適化に用いられることがあります。例えばズボンのポケットに端末を入れている場合には、左右のステップでできる波形の山の大きさに差がでます。左のポケットに入れると左脚のステップの波形が大きくなります。この場合は極小値と極大値の最小間隔を閾値とした方が適切な場合があります。

歩幅は個人ごとに違う値ですから、何らかの入力もしくは学習が必要です。最も簡便な例では身長（cm）から100を引く、身長に0.45をかけるなどが知られています。加速度センサーの重力方向成分の振幅から算出する方法

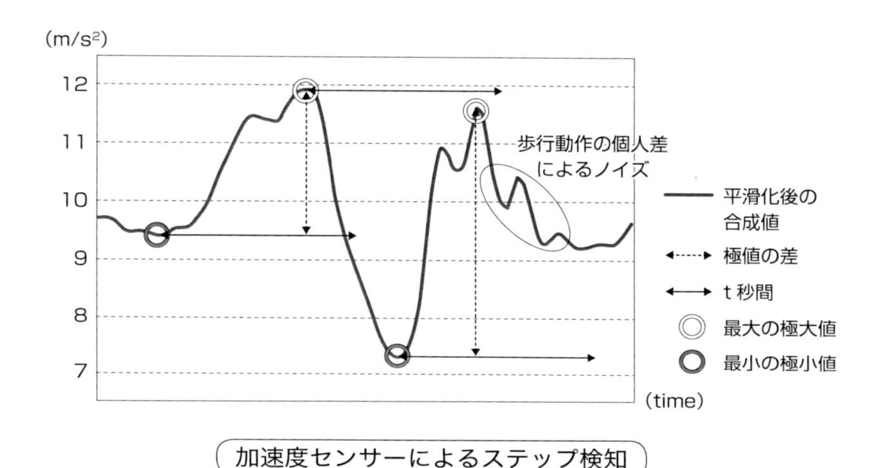

加速度センサーによるステップ検知

や、衛星測位を用いて歩いた距離を認識して、その間の歩数で除算することでも可能です。しかし、人間はいろいろな歩き方をしていて、それに応じて歩幅も変化します。0.45は通常の歩行であって、ゆっくりの場合は0.4、大股で速く歩いた場合は0.5ともいわれています。

歩幅については真っ直ぐ歩行する場合と曲っているときではまた違いがあり、曲りでは歩幅は狭くなります。極端な話では、階段を歩行しているときは歩幅は固定されますし、階段を利用していることを認識できずに単純なPDRを実施すると軌跡が壁をつきぬけてしまうこともあります。歩調の変化や直進・曲進の区別はステップや曲りの検知で調整可能で、階段の昇降もまた人間行動認識でのいくつかの方法で認識可能になっています。いずれは階段での1段とばしの昇降や、エスカレータでの歩行なども行動認識して、より高度なPDRが実現していくことでしょう。

POINT

- ３軸の加速度センサーの出力を平滑化して合成値の波形を分析する
- 波形では周期的な極大値と極小値の繰返しを見つけてステップとする
- 極値の差や時間間隔の閾値は、個人差を反映する
- 歩幅を歩行に合せて調整すると精度が向上できる

11 基本的なPDRの仕組み：曲りの検知

ユーザは直進か曲進しかしない？

地球には地磁気があるので方向の判定には磁気センサーを用いることもありますが、本書がターゲットとしている屋内では磁気センサーは後述するさまざまな要因によって誤差が頻発することが知られています。ここではジャイロスコープによる曲りの検知について説明します。ただし、地磁気は絶対的な方向である北を指すのに対し、ジャイロスコープでは相対的な方向の変化しか認識することができないことは注意すべきです。ジャイロスコープは初期方向からその後に発生する角速度を端末座標系の3軸の値で出力します。ユーザの向いている方向を知るためには角速度を積分するのですが、この場合は水平成分の回転しか興味はありません。まず、同時刻の加速度センサーの値から重力方向を認識して、3軸の角速度のうち水平成分のみを射影して取り出してその積分値を計算します。実際には角速度の積分は、ジャイロスコープが角速度を出力するたびに加算して出力周波数で割ることで近似的に得ることも可能です。

常にくるくる回りながら歩いてでもいない限りは、ユーザの歩行はほとんどが直進で、たまに曲進する程度です。そのため、わずかな曲りを検知してそれを累積すると逆に誤差が累積してしまうことの方が多く、ある程度以下の曲りは無視する方がよいとされます。実際に人間の歩行は左右のステップの繰り返しで、ユーザを上空から見ると、右ステップは反時計回りに、左ステップは時計回りにわずかに体を回転させて続けています。これを検知して累積してしまわないための対策となります。もちろん緩やかなカーブを歩行している場合は直進となってしまいますが、そのような場合はPDRとは異なる後述のマップマッチングなどの技術を適用することによって対処できます。

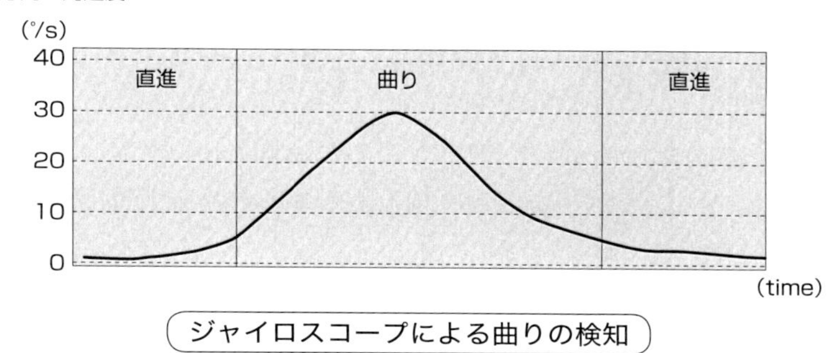

ジャイロスコープによる曲りの検知

とはいえ、実際にはユーザの歩行はさまざまです。調理場や工場、物流倉庫などでさまざまな状況で方向を変えていることもあります。その場合は加速度センサーから、通常の移動を目的とした歩行を示すリズミカルなステップ検知が生じていないなどの手がかりがあり、このような歩行の状態認識と曲りを無視するかどうかの閾値は関係づけて調整する必要があると考えられています。一方、このような処理から現在の歩行が直進中か曲進中かの判定をつけられるようになるので、今度はその判定結果を加速度センサーの方に返して、歩幅の調整にフィードバックし、加速度センサー処理とジャイロスコープ処理は互いに連携した認識となります。

スマートフォンのジャイロスコープはMEMS技術を用いた超小型で安価なものが採用されていることが多く、温度変化により誤差が生じることや、機種によってはドリフトと呼ばれる初期誤差を含むことがあります。ドリフトはスマートフォンを静置させているにもかかわらずジャイロスコープから角速度が検出されてしまうかどうかで判定できます。そのような場合には静置状態での出力分だけをオフセットとして減算して出力を調整しなければなりません。

POINT

- ジャイロスコープ出力を水平成分のみ抽出して積分する
- 少々の曲りは無視して直進と曲進のメリハリをつけた判定を利用する
- ジャイロスコープのドリフト誤差に気をつける

12 階層間移動とPDR

階層間移動を加速度で認識するのは困難！

PDRで平面上に軌跡が描けそうなことはわかってきました。ただ、屋内空間は立体的です。地上でも地下でも階層があります。階層間の移動は階段や坂のように「歩行」である場合もありますが、エレベータやエスカレータも頻繁に利用されます。このような階層間移動では、それぞれの階層間移動手段ごとに機械学習アルゴリズムを適用して、加速度センサーとジャイロスコープ、さらには磁気センサーの出力だけからそれぞれの移動方法を認識することもできます。

階段の昇降は通常の歩行と比べると上下方向の加速度に特徴があり、機械学習による行動認識技術によって水平歩行と識別することがある程度可能です。逆にこの識別をしないままに水平歩行のPDRを実施してしまうと、主に歩幅が狭く限定されてしまうために大幅な誤差が生じます。

エレベータはそれによって生じる加速度が特徴的なので、合成ベクトルを観測することで上昇や下降を認識することが可能です。ただ、どれだけの階層を移動したかを加速度センサーのみで認識するのはなかなか困難です。そこまでの精度はまずでませんが仮に標高が推定できたとしても、施設としてそこが何階であるのかは一意には対応させることができません。施設によって階層間の高さは違いますし、同じ施設内でも階層ごとに高さが異なる場合もあるためです。加速から減速までの時間を計測してもさまざまな性能のエレベータがありますし、各階に停止するものから高層ビル用の中継階層への直送エレベータもあります。

エスカレータも乗降時に特徴的な加速度が生じますし、駆動用モーターが近隣にあるのでそれを磁気センサーを用いて認識させることも可能です。エスカレータ内では歩行が禁止されているようですが、急いでいる人は頻繁に

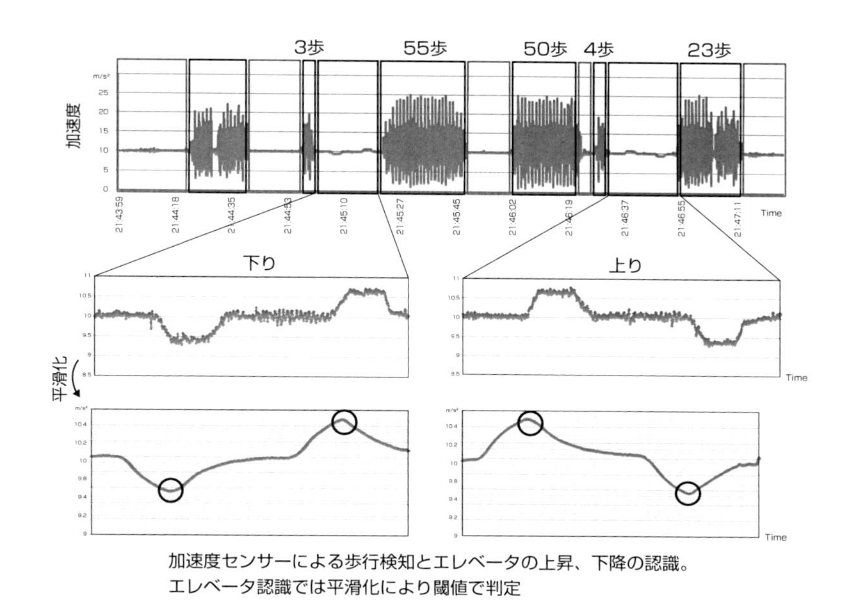

加速度センサーによる歩行検知とエレベータの上昇、下降の認識。
エレベータ認識では平滑化により閾値で判定

エレベータによる階層間移動に伴う加速度の変化

見かけます。この動作の認識はなかなか高度になり、識別率も低下します。

後述の気圧センサーは近年多くのスマートフォンに装備されるようになってきました。このような階層移動認識に対しての「飛び道具」的な存在です。上記はあくまでも気圧センサーを用いない手法について述べましたが、いずれも推定精度は高いとはいい難いため、後述のWi-Fi測位などの絶対位置推定手法を併用するのが現実的です。また測位対象としている施設では、どこにどのような設備があるかについても施設の階層の情報と同様にデータベースに整備しておくべきでしょう。後述のマップマッチング技術も適用して階層移動を認識したらPDRでの累積誤差のキャンセルに用いることも可能です。

POINT

- 階層間移動はその移動手段を意識した処理が必要
- 機械学習や特徴的な波形観測で階層間移動を認識
- 移動階層数は施設や乗り物でさまざま

13 端末の持ち方とPDR

人類の半分は鞄に入れてます

近年ではPDRの実用の多くはスマートフォンを活用しています。スマートフォンは多くのセンサーを搭載しており、日常的に携帯しているのでPDRの適用には合致していますが、その持ち方はさまざまです。PDRの主要なセンサーは加速度センサーとジャイロスコープなので、端末が人体に固定されているかどうか、固定されていない場合にどのような運動をするかなどによって、波形の特徴が変ってきます。身体の左右どちらにあるかによって左右のステップに対して波形は非対称になります。端末が固定されている場合はあまり問題はないのですが、独自に端末が運動してしまうような場合にはそれによって生じる成分を見つけて排除する必要があります。端末を手持ちで振りながら歩く場合やストラップで首から下げている場合などがこれに相当します。万能ではありませんが簡易な方法としては、重力成分だけを抽出して分析します。歩行運動成分だけが抽出できた後も、前述の極値を見つける手法の場合は持ち方によってその閾値を対応させる必要もあります。

スマートウォッチなどのようにウェアラブル端末に加速度センサーがついている場合もあります。スマートウォッチは身体に固定されているとはいえ、手は歩行とは独立に頻繁に動かす箇所であり、グラス（眼鏡）も首による回転運動の影響を受けます。理想としてはできるだけ体幹に近くて歩行とは独立した運動が生じない箇所、さらに身体の中心線上に固定するのがいいでしょう。やや大げさになりますが、歩行運動の影響が大きくなる足の甲や脚部に左右対称に複数のセンサーを固定する研究も試みられています。

持ち方のバリエーションに対応する方法としては、ある程度のケースに限定して対応する持ち方のどれにも共通で適用可能なパラメータを設定する方法と、まず端末の持ち方を推定して、推定結果に応じて入力データの分析器

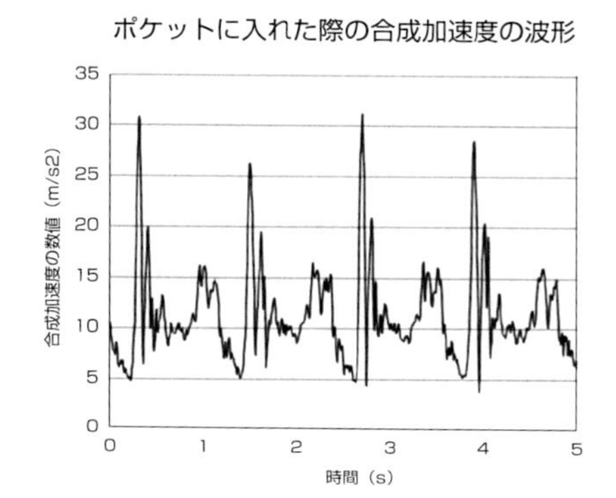

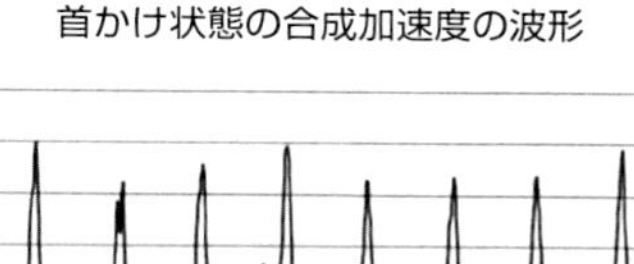

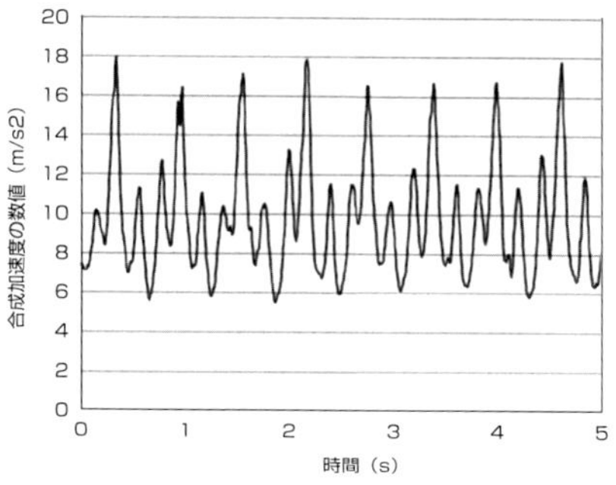

端末の持ち方による加速度センサー出力値の違い

を切り替える方法に二分されます。前者では手持ちとポケットおよび鞄をサポートするのが実用的です。この場合は手持ちは手振りなしで、ポケットも鞄もあまり独自に端末が運動しない前提での実装となるでしょう。これらをサポートできれば、多くのケースがカバーできます。ある調査では女性の多くはスマートフォンを鞄に入れているとの報告があるので鞄のサポートは重要です。後者の持ち方の推定ですが、加速度、角速度などの固定時間間隔での統計量を特徴量として、ランダムフォレストやロジスティック回帰などを用いた機械学習による持ち方推定を行ないます。いくつかの持ち方は限定的な状態遷移をします。例えば鞄の中からいきなりポケットの中には遷移しませんので、ポケットの中から取り出しがあって手持ち、そして手振り、ポケットの中などのような状態遷移を推定することも有用です。時間的系列を特徴量とするLSTMのような機械学習を適用することもできます。

POINT

- 端末の持ち方によってPDRの認識アルゴリズムやパラメータを変える必要がある
- 歩行運動のみであれば身体の中心に固定するのが理想
- 複数の持ち方に対応できるパラメータを設定する手法と、持ち方を推定してアルゴリズムを適応する手法がある

14 PDRの弱点

スマートフォンのセンサーは安価で精度があまり期待できません

現代のようにスマートフォンが普及していると、その中にあるセンサーだけで実現できるPDRはもっと流行っていいような気がしますが、まだまだこれだけでは一人立ちできません。もともとPDRは相対的な移動軌跡を推定する技術なので、絶対位置や方向が必要になるとそれらをサポートする技術の併用が必須になります。現状のスマートフォンを用いたPDRにはそれ以外にも欠点と呼べる項目がありますので、以下で説明したいと思います。

そもそもスマートフォンでPDRを実装することは可能ですが、現実的にスマートフォンに実装されている加速度センサーもジャイロスコープもそれほど精度の良好なものではありません。多くはMEMS技術を活用した極小センサーがベースバンドチップセット上などに他の多くのセンサーと混載で実装されていて、自動車やロボット用に利用されているIMUと比較すると簡易なものです。IMUでは本来、得られた加速度を二重積分して変位を計算するのですが、それを行なうには精度がでません。つまり人間の歩行動作による脚部の接地時のインパクトを検出するため、歩幅の情報が常に必要になります。歩幅を推定するのは難儀であることも前述しているとおりで、一歩ごとに機械学習アルゴリズムにより異なった歩幅を適切に推定する手法なども研究されています。また、この意味ではリズミカルに一定ペースでの歩行を検出しているときにはステップ検知を、そうではないときには加速度の二重積分を併用するなども考えられます。

ステップ検知によるPDRをしている場合には初期状態で端末が向いている方向に進みつづけており、途中でジャイロスコープにより曲りを検知すると方向が変ると想定します。そのため進行方向が変化せず端末の向きのみが変化した場合には方向が変っていないにもかかわらず、方向が変化した軌跡

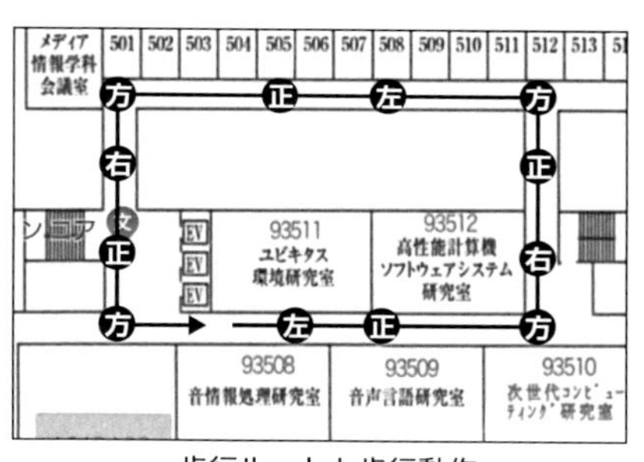

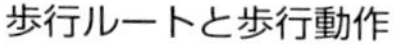
歩行ルートと歩行動作

PDR測位の結果

左：左側に頭を回転（45度）　正：正面に頭を戻す
右：右側に頭を回転（45度）　方：方向転換（90度）

頭の回転有りで頭部装着センサーによるPDR

が出力されてしまいます。端末を手持ちで回転運動が加わる場合だけではなく、ポケットに端末を入れておいても下半身のみ横を向いて進行方向を変化させずに歩行する、いわゆる「カニ歩き」はその典型例です。オフィスの机や椅子の並んだ島の間など狭い箇所を通り抜けるときにはこのような「カニ歩き」は頻出します。要は体の向きと進行方向の不一致が問題なので、後ずさりなども苦手です。前述の端末の持ち方にも影響を受けますが、最近のウェアラブル機器のうち頭部に装着するグラス、ヒアラブルなどのヘッドセットの類では首の向きを変えると曲進だと勘違いすることになります。このような場合への対策も、加速度センサー値の積分値と比較しながらジャイロスコープの曲り検知を無効化するなどが考えられます。また、ヒアラブル機器の場合には、左右対称にセンサーを配置することによって検知可能になるケースもあります。

POINT

- スマートフォンのセンサーは安価で精度が期待できない
- 高価なIMUで行なわれる加速度の二重積分は、利用できない場合が多い
- 進行方向が変化しないのに曲進が検知されてしまう、カニ歩きのような歩行は難物

15 PDRの活用法

PがとれてX、DがとれてA?

PDRはスマートフォンが普及する前から特別なセンサー機器を開発して研究されてきました。当時は高価なIMU機器で実現していたので、ステップ検知というより得られた加速度の二重積分による軌跡生成が中心で、歩行者のみならずロボットが対象となり、それらがカーナビゲーションの自律航法に適用されていきました。その後、スマートフォンの普及から歩行者のステップ検知が実装されていきましたが、このような安価な端末の普及は歩行者以外のモノの移動に興味が広がっています。車椅子の移動、スーパーでの買い物カゴやカートの移動、工場や倉庫での電動カートの移動、自立歩行ロボットの移動までさまざまなモノの移動に興味が広がった結果、PDRのPを歩行者に限定せずXDRという言葉もできています。車椅子やカートのようにステップが生じないものや、買い物カゴのようにステップがあったりカートに載せられたりするものなどXDRも一通りの手法ではありません。

一方でPDRは行動認識（Activity Recognition）の一分野であるとする考え方もあります。つまりPARです。行動認識では歩行、疾走、停止、足踏み、着席、起立、転倒など人間の身体的行動のそれぞれを加速度センサーやジャイロスコープを用いて認識することを目的としています。物流倉庫やキッチンでの人の動作は歩行、停止といった単純なものではなく、細かなステップや上半身だけの身体の回転、小刻みな前後左右運動などいわゆる「歩行」動作から見るとイレギュラーなものの連続で、それらを一動作ごとにミクロに認識していく試みもなされています。ミクロに分析された結果は、PDR測位の精度を向上させるのに決定的なアドバンテージとなります。

その一方でマクロに歩行のそもそもの目的に着目した研究もなされています。人は多くの場合は移動が目的で歩行していて、レギュラーなPDRはそ

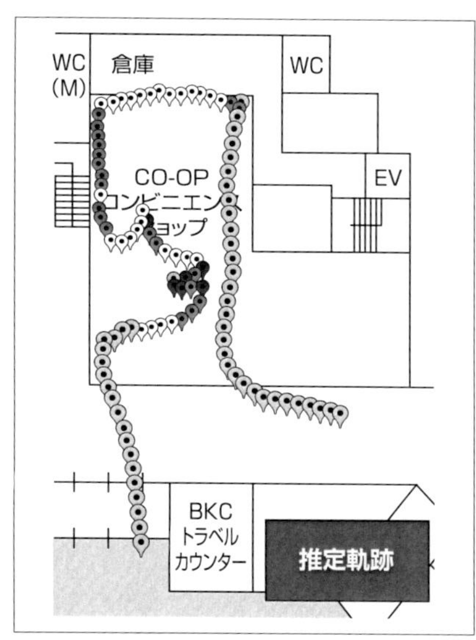

PDRによる行動認識

れに合せて研究されていますが、何かを探しているときの歩行や、見つけたものを観察したり立ち話をしたり一箇所にとどまっているときのステップなど、それぞれを見極めて移動以外にユーザがそこで何をしているかの情報も合せてPDRから取得するとともに、PDRの測位精度をマクロに向上させるような研究も成果がでています。位置情報だけでなく、その場所にそのユーザがいる、もしくは移動していることの「意図」までを知れることは大きな進歩です。PDRはユーザの動作を分析し、行動認識の技術の一部となります。つまり、ユーザの動作に影響を与えるような要因が少しでもあれば、それを識別することも今後可能になるでしょう。混雑の中を歩いているかそうでないか、一人で歩いているか集団で歩いているか、子供を連れているかどうか、荷物を持っているかどうか、傘をさしているかどうか、おしゃべりしながらかどうか、相手をしてくれる店員を探しているかどうかまでも、PDR処理の中で推定が可能になっていくかもしれません。

POINT

- 歩行者以外に車椅子やカートなどの自律航法を含んだXDRが出現
- PDRは行動認識の一分野と考えられ、ミクロに分析することで測位精度の向上が見込まれる
- PDRで位置だけでなく、動作に影響のある意図の推定もできる可能性が見えている

COLUMN

センシングアプリと闘うスマートフォンのOS

スマートフォンはバッテリで動いているので、消費電力の節約は常に関心事です。ユーザもインストールしたアプリがバッテリ喰いだったりするとその評価を下げるでしょう。一方でセンサーはいつ起きるかわからないイベントを知るためのものでもありますので、止めることは考えられません。歩数計アプリを開発すると、画面が消えているときもポケットに入っていればステップ検知をしたいところですが、OSがそのときもアプリに動作を許してくれるかどうかは別の問題です。iOSは昔から、Androidも最近ではバックグラウンドで稼動しつづけるアプリに対しては冷たい扱いをします。バッテリ喰いはOSにとっても敵だからです。机の上に静置されていれば検知の必要はないですが、静置の認識にすらセンサーは必要です。

iOSは初期の頃はバックグラウンドでのアプリの動作をサードパーティには許可しませんでしたが、徐々にそれを開放し、位置情報（CoreLocation）を取りつづけるものや音楽を再生するものには許可しはじめました。Androidは初期は制限がありませんでしたが、キャリアの端末では画面が消えるとバックグラウンド動作も止める機能が追加されました。このような端末では歩数計アプリのステップ検知も当然のように止まっていました。

第 3 章

Wi-Fi測位手法

16 Wi-Fi測位の概要

基地局の位置が頼り

インバウンド政策を反映して、多くの公衆無線LAN接続サービスが普及してきています。筆者は京都市内に在住し滋賀県草津市の大学に勤務していますが、2010年1月の一ヶ月間にわたって、持ち歩いているスマートフォンで無線LAN基地局からの電波が一つでも観測されていた時間と、衛星測位が可能であった時間を比較し、図に示しています。平均でWi-Fi（無線LAN）が95％、衛星測位が約30％と大きな差が生じています。これは人が衛星測位が利用できない屋内で生活していることを反映するとともに、無線LANの普及を如実に表すデータです。

多くの無線LAN基地局は固定した場所に設置され、自己のユニークなMACアドレスを含むビーコン電波を周期的に発信しています。無線LANを利用する端末はまずこのビーコン電波を受信して近隣の基地局の存在を知り、基地局との通信品質を把握し、その後に接続を開始します。Wi-Fi測位はこの仕組みを利用しています。

最初にWi-Fi基地局を用いた測位手法を提案したのはMicrosoft研究所のRadarプロジェクトでした。研究所内の複数の基地局からのビーコンを受信し、その信号強度を分析することで各基地局との距離を推定し自己位置推定をしたり、建物内の壁などの構造を反映し電波が同心円状ではなく減衰する様子をモデル化した上での推定をするなどの論文を1990年代に発表しています。無線LANは障害物なしで100 m以内での通信性能をうたいますが、実際には壁などの障害物があるので、十分な通信性能を発揮できるのはその半分以下の半径内に限られます。ところが電波が観測できるかどうかに限ると、筆者のキャンパスでの見通し環境での実験によれば300 m程度は観測可能な場合もありました。単純に1基の基地局の電波を受信し、その基地局の

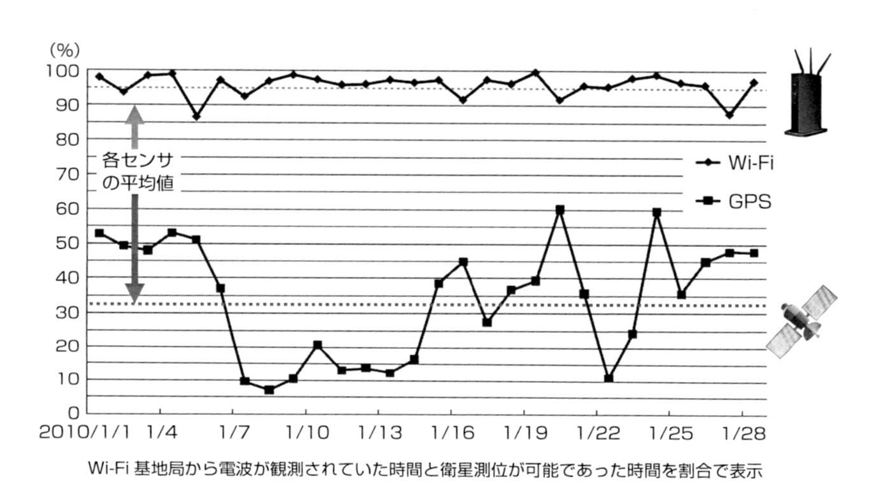

Wi-Fi測位と衛星測位の比較

位置が既知であれば、数百 m程度での測位は可能です。複数の基地局からの電波強度を分析することによってWi-Fi測位では測位誤差を十数 mから数 m程度に向上させています。端末によりますが、2～4秒の周期で近傍の基地局からの電波を受信しつづけ、受信する毎に自己位置推定を繰返し出力します。このようにWi-Fi測位は歴史があり、衛星測位と異なって屋内でも可能であるとともに、屋外でも利用可能な技術です。現に2007年に発売されたAppleのiPhoneの初代ではGPSは搭載されておらず、Skyhook社が提供するWi-Fi測位機能を利用して自己位置推定がなされていました。

無線LANは1990年代から普及しはじめ、IEEE802.11規格のもと、11b、11g、11a、11n、11acと発展していて、今後しばらくの間は多くの屋内空間でも利用可能な時代がつづくと考えられます。

POINT

- **WI-Fi測位は無線LAN基地局から常に送信されるビーコン電波により推定する**
- **基地局が固定されていること、複数の基地局からの電波が受信できること、電波強度を把握できることが鍵である**

17 Wi-Fi測位の仕組み：三点測位方式

3つの基地局からのビーコンを集めよう

Wi-Fi測位に利用できる基地局は一つの場所に固定されている必要がありますが、どこに基地局が設置されているかの情報は公衆無線LAN事業者にとっての機密事項とされることが多いのです。そこで、基地局の設置された位置を正確に把握できた場合、そうではない場合に基地局の位置を推定した上で利用する場合、設置された位置に依存しない場合の3つに分けられます。まず、基地局の位置が正確に把握されている場合について説明します。

基地局からは定期的にビーコンと呼ばれる存在広報の信号が発信されています。ビーコンは2.4 GHz帯もしくは5 GHz帯の電磁波で、距離の二乗に比例して減衰します。ただこれは基地局と受信機の間に障害物が何もない場合です。誤解しがちですが地面や床も障害物になります。基地局からの電波は直に最短距離（Line of Sight）で届く直接波と、地面や床に反射してから届く反射波が同時に重ね合わされて受信されます。複数径路を経由して受信されるため、この現象をマルチパスと呼びます。複数径路の反射波が重ね合わされ、それぞれの径路長が少しづつ異なるので、打ち消しあったり増幅しあったりする現象が起きてしまいます。また人間という水の塊は電波を減衰させます。受信機が胸の前にある場合、背面にある基地局の電波強度は実際の距離以上に減衰します。このような外乱を無視できるとすると、基地局からの距離と電波出力から理論的に受信電波強度が決まります。距離が既知の複数の地点での電波強度を観測できれば、電波強度の減衰曲線は決定できます。いったん減衰曲線が決定すれば、電波強度の観測値からその地点の基地局からの距離が推定できます。

各基地局からの距離が推定できれば、少なくとも3つの基地局からの電波強度が観測できれば三点測位をすることができます。ただ、障害物による反

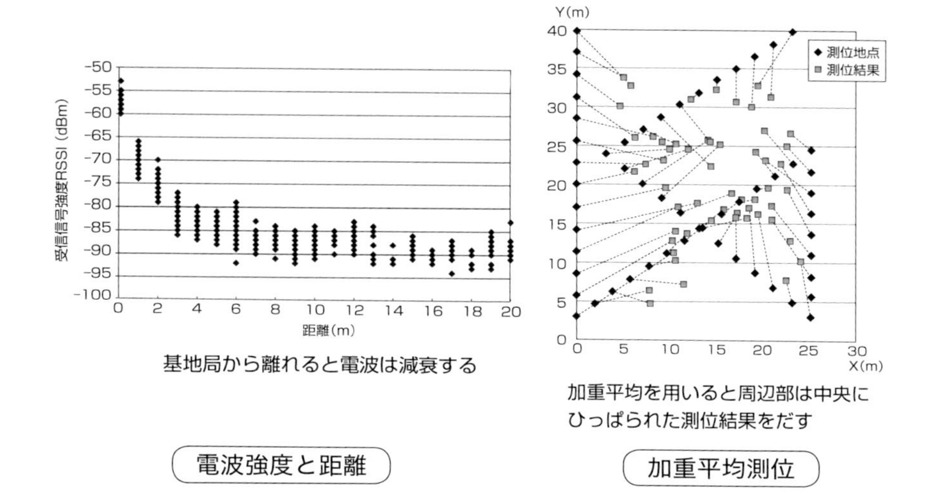

電波強度と距離

加重平均測位

射、人体による減衰やマルチパスなどが起きると必要以上に強度が減衰するために、三点測位が成立しないことも起きます。このような場合、3つ以上の基地局が囲む多角形において、それぞれからの電波強度で加重平均した重心を測位結果とする方法もあります。もちろんこれは近似法であり、減衰現象を厳密に反映できるわけではありませんが、三点測位と比べれば必ず解を出せるという利点があります。

三点測位や加重平均測位は基地局の位置さえ既知であり、電波減衰や反射の影響を無視してもいい場合には、測位が比較的簡易にできる方法です。欠点としては、三点測位は解がない場合もありますし、加重平均では測位可能な地点は必ず基地局に囲まれた領域のみになってしまい、周辺部での測位結果は往々にして中心部に引き込まれる傾向にあります。

POINT

- **基地局の位置が正確に把握できれば、電波強度の観測で距離を推定可能**
- **障害物や反射、マルチパスなどの影響を無視できれば三点測位が簡易**
- **三点測位で解がない場合には加重平均で解を出せるが、測位結果が中心部に引っぱられる傾向がある**

18 Wi-Fi測位の仕組み：フィンガープリント方式

基地局の「指紋」を集めよ！

基地局の位置が不明な場合でも問題のない手法としてフィンガープリント方式を考えましょう。ただし、この方法は少々手間がかかります。フィンガープリントとは「指紋」のことです。これは特定の位置で基地局の電波がどのような組合せで、それぞれどのような電波強度で観測されるかを事前に調べておいたもののことをフィンガープリントと呼ぶのです。この特定の位置というのが曲者で、測位を可能にしたいエリアについて、その全域でのフィンガープリントを採集しておく必要があります。多くの地点で細かく採集すれば、それだけ測位精度の向上が期待できます。実際には1ｍピッチから5ｍピッチくらいで二次元グリッド状に採集することが多く、手間がかかります。測位を可能にしたいエリアでのグリッド状のフィンガープリントが収集できると、それが電波「地図」として機能します。観測された基地局の電波情報がそのエリアのどのフィンガープリントと近いかを判断するためのメトリックを距離関数として導入して、距離による重みを用いた重心を計算することによって測位が可能になります。この仕組みであれば、実際に基地局がどこに設置されているかの情報がなくとも測位が可能になり、むしろ網羅的に電波観測による実測値が入手できるので、設置位置が既知の基地局情報から三点測位するよりもはるかに高精度での測位が期待できます。

フィンガープリントの採集にはいくつかの注意点があります。観測される電波情報はさまざまな環境条件により刻々と変動します。電波観測に用いる端末の向き、持ち方、周囲の人の密度や什器などの配置によって変化してしまいます。できるだけこれらの影響を受けないためには、単発の観測値ではなく複数回の観測値による統計量が必要となります。その中でも最大の電波強度はその地点を特徴づけるのに重要な統計量です。電波は環境変化によっ

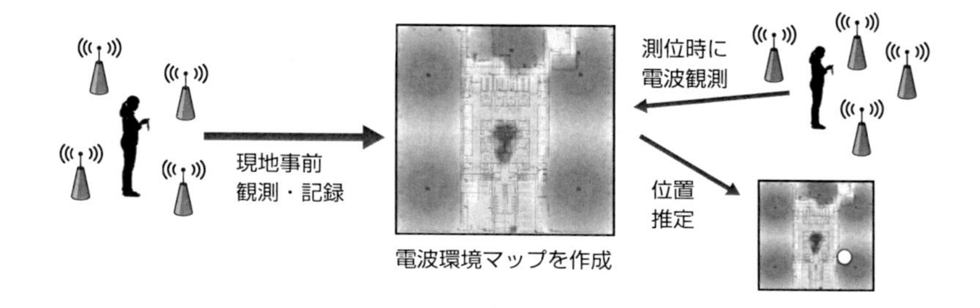

フィンガープリント方式の仕組み

て減衰することの方が多いからです。その意味では最小の強度はほとんど参考になりません。また、短時間での変化だけではなく、長期的な変化への対応も必要になります。そのエリアでの基地局の増減や、環境の恒久的な変化への対応を考慮すると、周期的な再採集が必要とされます。

フィンガープリントの収集は手間のかかる作業であるため、そのためのツールや機器が開発されることもあります。Wi-Fi測位が研究開発されはじめた頃には、フィンガープリントの収集は、屋外の衛星測位が可能なエリアを対象にWardrivingと呼ばれ、専用のツールが開発されました。衛星測位とWi-Fi電波観測を同時に実施し、観測されたWi-Fi電波情報を衛星測位結果とペアにして自動的に記録していきます。採集者は目的のエリアをひたすらくまなく走査するように移動することによってフィンガープリントを集めます。屋内では衛星測位ができないので、屋内地図を用意し、現在位置をチェックして順次電波観測、フィンガープリント採集、記録と実施します。Ekahau社のSite Surveyはこのための統合的なツールとして有名です。

POINT

- 目的のエリアでの網羅的な電波観測情報をフィンガープリントという
- フィンガープリントと観測値との適切な距離関数による距離を重みとした重心を計算することにより測位が可能となる
- 実測値を用いるので高精度な測位が期待できるが、フィンガープリントの管理にはコストが懸念される

19 Wi-Fi測位の仕組み：距離関数の工夫

一筋縄ではいきません

フィンガープリント方式でのWi-Fi測位では、測位時に観測された電波情報と事前に採集しておいたフィンガープリントとの距離関数が、測位精度をだすのに非常に重要な要因になります。基本的なフィンガープリントに含まれるのは、複数の電波基地局からの電波強度の統計情報、多くの場合はその最大値です。とはいいながら、フィンガープリントでは観測された全ての基地局情報を網羅すればいいわけではありません。前述のとおり電波信号は距離の二乗に比例して減衰するので、近傍で急激に減衰した後はあまり変化のない裾野をもつ曲線になっています。つまり、この裾野にあたるような電波強度の基地局については情報量がかなり薄まってしまっています。逆に強い強度を示す情報はその位置の特徴を色濃く反映する情報なので、ある程度の強度の閾値を設定して、その閾値以上の基地局にしぼる方がよいのですが、場所によっては基地局の数が少ないために、しぼるとフィンガープリントとして利用できなくなってしまうこともあり、その調整が必要です。

測位時の観測値とフィンガープリント情報の比較の基本は、強く観測される基地局が同様に強く観測されるか、です。強く観測される基地局はメトリックを計算するときには重みを増してその差異を扱うべきでしょう。とはいえ、両者に含まれる基地局が一致することはまずありえません。一方のみに含まれる基地局の扱いも考慮する必要があるでしょう。その意味でも両者に含まれる基地局がどの程度オーバーラップしているかを評価する、もう一つのメトリックの軸が重要になります。これは集合のメンバーシップを評価することになり、オーバーラップ率を計算することになるのですが、これもまた強く観測されるはずの基地局の重みが大きくなるべきでしょう。

電波強度が強いかどうかだけでなく、フィンガープリントを作成すると

$$rd(F_w, F_s) = \sqrt{\sum (rssi_{F_w} - rssi_{F_s})^2}$$

受信信号強度の類似度

F_w：観測された基地局情報
F_s：フィンガープリントの基地局情報
$rssi$：受信信号強度

$$dist(F_w, F_s) = rd(F_w, F_s) \times \frac{(|F_w| + |F_s|) - |F_w \cap F_s|}{|F_w \cap F_s|}$$

仮想距離を表す関数

Wi-Fi基地局の類似度

距離関数の例

き、期間を置いて繰り返し観測することにより常に観測される基地局かそうでないかの指針によって重みづけをすることも質の向上になるでしょう。

図に簡単な距離関数の例をあげています。ここでは、電波強度の類似度と基地局のメンバーシップによるオーバラップ率のかけ算によってメトリックを算出する例であり、これに限られるわけではありません。F_wが観測された基地局ごとの強度を、F_sがメトリックを測りたい位置のフィンガープリントを表します。関数$dist(\ )$が仮想距離を表しますが、その中の$rd(\ )$が電波強度の類似性を表し、それ以降が基地局のメンバーシップのオーバーラップ率を正規化して表しています。｜で囲まれているのは該当する基地局の個数を表します。フィンガープリントとの類似性が高ければ仮想距離は短く算出されます。ここでは簡単のため重みを計算していませんが、前述のとおり、観測結果の中からどの程度の電波強度以上の基地局を重く考慮するかは$rssi$を計算するところに、どの程度頻繁に観測される基地局に重きを置くかはそれ以降の基地局の個数を数えるところに重みをつけ、反映させていくことになります。さらに、いくつ以上の基地局を必要とするかということも考慮するとより実用性が増すでしょう。

POINT

- 距離関数は、電波強度の類似度と含まれる基地局のメンバーシップの類似度の２つの軸がある
- 電波強度の強い基地局の方が情報量が多いので重みをつける
- 基地局の数が減りすぎないように調整する

Wi-Fi測位の仕組み：フィンガープリントの経年劣化

スマートモビリティとビッグデータで対抗？

フィンガープリントは高精度なWi-Fi測位にはなくてはならない「電波地図」なのですが、残念なことに経年劣化してしまいます。前述のように設置されている基地局が増減したり、恒久的に環境が変って電波減衰の状況が変ってしまうために、これは避けられないことです。実際にどの程度、測位精度が劣化してしまうかを図に示しました。この図では大阪の地下街で5ヶ月間経過した後に、電波強度の再計測をまったくしない場合から10％づつ変えて100％まで実施したときに、どの程度もとの測位精度に回復できるかを調べたものです。

経年劣化への対策はフィンガープリントの定期的な再採集となるのですが、これもまたコストのかかる作業であるため、以下の2つの工夫が提案されています。一つ目は採集を容易化するような機器の導入です。IBMの東京基礎研究所ではスマートモビリティとしてWHILLという電動車椅子を導入することにより、目的のエリアを網羅的に走査しつつフィンガープリントを生成するシステムを構築しています。同システムはWi-Fiではなく後述のBluetooth Low Energy規格の送信タグによる電波地図を作成していますが、原理はWi-Fi基地局でも同様です。WHILLは車輪のエンコーダからXDRにより正確な位置を計測しつつ移動し、細かな精度での電波計測をプログラムどおりに自動的に実施していきます。

2つ目の工夫はいわゆるビッグデータを活用する方法です。ここでは、「うめちかナビ」というスマートフォンアプリの例を紹介します。このアプリは大阪梅田地区の地下街ナビアプリでWi-Fi測位を実装していますが、ユーザ許諾を得て、端末が観測しているWi-Fi電波情報をサンプルしてサーバに収集する機能がついています。ユーザがどこにいるときに観測された電波情報

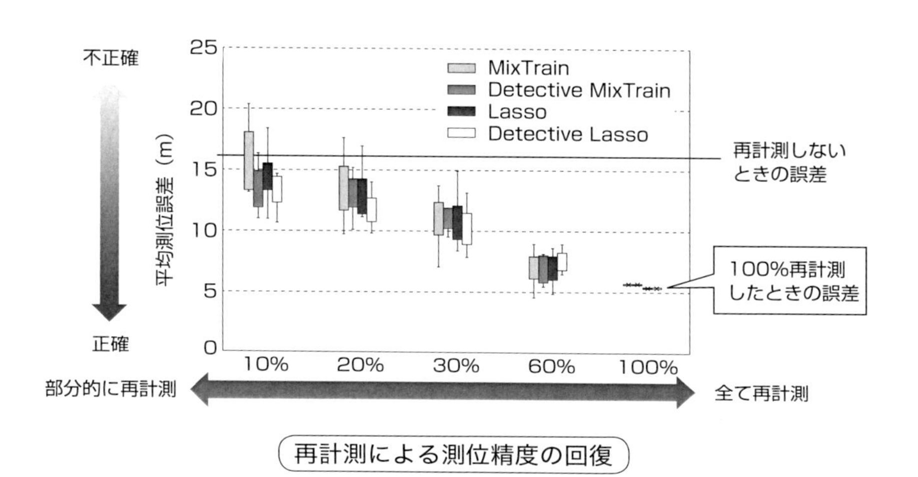

再計測による測位精度の回復

であるかは不明であるため、このようなデータログは正解ラベルがついていないという意味でアンラベルドデータと呼ばれていますが、大量のログが収集できるといくつかの推定手法が活用できます。収集されるデータログには基地局のID情報とその電波強度の対の集合が含まれていますが、既存のフィンガープリントと収集されたログを適切な距離関数で比較することにより、違いを見つけることができます。このような違いが多くのデータから発見されると統計的にそれは意味のあるものとして何らか「異常（anomaly）」が起きていることがわかります。異常が起きている地点の正確な位置は不明ですが、それがどのあたりなのかの見当をつけることは可能なので、その地点のみを再収集してやれば電波地図の劣化はある程度防げます。将来的には再収集さえも不要になるようなアンラベルドデータによる経年劣化対策の完全自動化が期待されています。

POINT

- フィンガープリントの経年劣化は対策が必要
- 計測機器の進化によりフィンガープリントの再収集の容易化が可能
- ユーザログの活用で再収集の完全自動化が期待されている

21 Wi-Fi測位の仕組み：GMMによる電波強度地図

「地図」は軽いほど喜ばれます

フィンガープリントによる電波強度地図は高精度な測位を実現できる可能性があるとはいいましたが、観測地点が増えて網羅的で高精細であればあるほどデータ量は膨れあがります。データ量が膨れあがれば処理も必然的に重くなり、いいことはありません。今後、仮に屋内測位がブレークして世界中で電波強度地図が整備されるということが起きるとすれば、それらを全て携帯することは現実的ではなく、訪れる先々で適切な電波強度地図をダウンロードして測位することになるでしょう。高精細なフィンガープリントのダウンロードはいかにも重そうです。

電波強度地図の役割はどのあたりでどの程度の強度で電波が観測されるかがわかればよく、それを効率よく近似して表現できる手法が研究されてきました。混合ガウス分布（Gaussian Mixture Model：GMM）を利用する方法はその代表例です。電波強度の分布曲線は正確にはガウス分布ではないですが、ガウス分布で近似するのは悪くないアイディアでしょう。ガウス分布は平均と分散のみで決まる確率分布で、混合ガウス分布は複数のガウス分布を線形結合して構成する分布です。一つの基地局の電波強度の分布地図を実現するために、位置（二次元の緯度経度）から電波強度を値とする分布を構成します。屋内での電波強度分布は環境の条件によって単一のガウス分布にはなりにくく、細長い山脈状の尾根ができたり、急激に減衰する谷ができることがありますので、それを複数のガウス分布を線形結合することで構成するのはリーズナブルな手法でしょう。一つの基地局についてk個のガウス分布を線形結合すると、k個の位置情報と分散および線形結合するときの係数のみで電波強度分布を表現することができ、データ量も格段にコンパクトになります。

複数のさまざまな大きさの二次元ガウス分布を足し合せて電波強度分布を表現する

電波強度分布を近似する手法

各基地局ごとにその電波強度分布を表現する混合ガウス分布を構成することになり、そのためにはもちろんフィンガープリントとして実測した電波強度の観測が必要です。このような観測データからフィットする分布をEM法などの機械学習アルゴリズムを用いて回帰計算します。このとき、kを大きくし過ぎると機械学習におけるオーバーフィッティングの問題がでますので対策は必要です。とはいえ、フィンガープリントのみを頼りにする手法と比べれば、計測地点の数は限界まで減らすことができる可能性があります。

いったん混合ガウス分布が得られれば、回帰曲面によって分布が補間されていますので、任意の位置において期待される電波強度が推定できます。また、必然的に最も大きな線形結合係数を持つガウス分布の「山頂」の位置が基地局が設置されている位置であると推定されますので、その情報を活用することも可能になります。

POINT

- フィンガープリントを用いた電波強度地図はデータサイズが大きく、取り扱いにくい
- 混合ガウス分布を用いてコンパクトな電波強度分布を表現することが可能になる
- 混合ガウス分布で、観測地点の削減、任意の位置の電波強度の推定、基地局位置の推定が可能になる

22 Wi-Fi測位の仕組み：パーティクルフィルタ方式

粒子をばらまいて近似計算を効率化せよ

フィンガープリント方式では、各基地局の電波強度の観測値と標本されたフィンガープリントとの距離関数を導入する手法を説明しました。この「距離」（メトリック）という指標を、尤もらしさ（尤度）という指標で置き換える手法もあります。パーティクルフィルタ方式と呼ばれる手法では、空間内にパーティクル（粒子）と呼ぶ可能事象をランダムに散布して、それぞれの事象の尤度を計算し、観測値の評価を確率・統計的に実施していきます。

Wi-Fi測位におけるパーティクルが表現する可能事象とは、そのときに特定の位置に存在するという事象がどの程度可能かを吟味するために導入します。パーティクルフィルタを測位計算に適用する場合には、現在位置として存在する可能性のある空間内に初期には万遍なくランダムに有限個のパーティクルを散布します。最初の散布は比較的、広範囲かつ均一に行ないます。これをサンプリングといいます。次にそれぞれのパーティクルが表す事象、すなわち散布した場所が現在位置であるということが起こりうる尤度を計算します。尤度計算には距離関数を適用することも可能ですし、後述する複数の屋内測位手法をハイブリッドに適用する場合にも尤度の与え方を工夫することによって有効な手法となりえます。いったん各パーティクルに尤度が付されると、今度はその尤度に応じた重みをつけて再度パーティクルを散布し直します。これをリサンプリングといいます。これにより現在位置として存在する尤度の高い地点の周辺にはより多くのパーティクルが散布され、測位計算の分解能が向上することになります。ここで再度、それぞれのパーティクルについて尤度計算を実施し、その尤度の重みで重心を計算することによって、それを推定位置として提示します。

人間の移動は連続的であって、いわゆる瞬間移動はいまのところ実現して

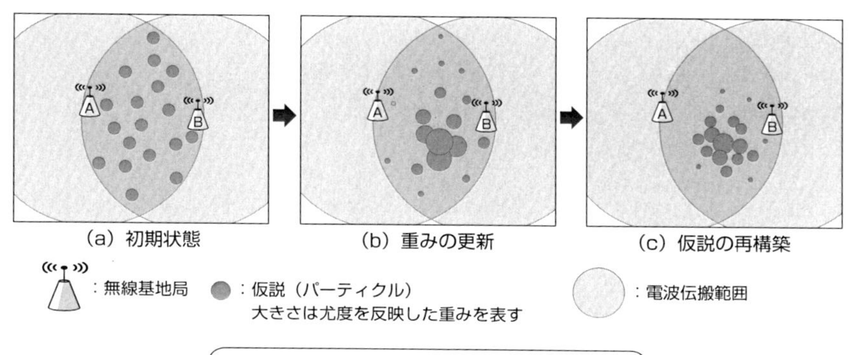

パーティクルフィルタ方式の仕組み

いませんので、パーティクルフィルタのような手法は適切だといえるでしょう。また、継続的に測位結果を更新しつづけていく場合にも、パーティクルを継続的にリサンプリングして尤度計算をすることによって、実現可能です。ただし、局所最適化のような落とし穴にはまってしまうと、そこから抜け出すことが難しくなってしまいます。リサンプリング時にすべてのパーティクルの散布する配置を尤度の重みで決めるのではなく、一部をより広範囲に散布することによって、このような落とし穴から脱出することの対策にします。例えば交差点で曲った先の径路を誤って推定してしまった場合、階段を使って別の階層に移動したことを見逃してしまった場合などの回復に有効です。

パーティクルフィルタ方式では、パーティクルの散布される可能性のあるあらゆる箇所での尤度計算が実現可能である必要がありますので、前出の混合ガウス分布による電波強度地図を作成しておくことと相性がよく、両方の手法が併用されます。

POINT

- **パーティクルフィルタ方式はランダムに可能な事象を散布して、尤度計算により現実に起きた事象の推定をする**
- **Wi-Fi測位でのパーティクルフィルタ方式の適用には、混合ガウス分布による電波強度地図を併用する**

23 Wi-Fi測位の弱点1

落とし穴はいろいろとあります

前述したように、Wi-Fi電波は多くの場所で観測され、特に公共空間では網羅されてきているといってもいいでしょう。一方で人々はスマートフォンを携帯するようになり、Wi-Fi受信機を常に利用できます。つまり、電波強度地図の作成とのその維持管理さえできれば、それ以上の投資なく屋内測位が実現できます。この点でWi-Fi測位は多くの屋内測位手法の中でPDRと並んで普及・実現の可能性が最も高いといえます。しかし、電波強度地図の維持管理はとても手間がかかりますし、それ以外にも配慮しなければならない事項があります。

すべての基地局の所在が明確にわかっているケースはほとんどありません。また電波環境は実際に観測をしてみないとわからないことがほとんどです。電波観測をしてみると、さまざまな基地局からの電波が収集されてしまいます。近年ではスマートフォンの3G/LTE回線をWi-FiやBluetoothで他端末に共有する機能（Tethering）が普及しています。これらは移動する基地局ということになり、本来、位置を特定する目的には使えないだけでなくノイズとなってしまいます。基地局からの電波にはBSSID（主にWi-Fi機器のMACアドレスに相当する）、ESSID（人が理解するためのシンボル名）と呼ばれるものがあって、ESSIDは人間が読めば移動基地局だと判断がつくようなケースもあります。そこで例えば3キャリアが運営する公衆無線LANの基地局のみにスクリーニングして電波強度地図を作成するといった手法もありますが、例えば新幹線内の公衆無線LANサービスのような移動基地局も含まれてしまうという落とし穴もあります。堅実な手法としては継続的な電波観測による固定設置の安定性の推定ということになります。

各基地局は主にMACアドレスを表すBSSIDを用いて特定することになり

ESSID

b4:c7:99:16:c9:a0	0000docomo -69
b4:c7:99:16:c9:a1	0001_Secured_Wi-Fi -73
b4:c7:99:16:c9:a2	0001docomo -75
b4:c7:99:16:c9:a3	0000_Secured_Wi-Fi -72
b4:c7:99:16:c9:a4	Whity_UMEDA_Free_Wi-Fi -72
b4:c7:99:16:c9:b0	0000docomo -54
b4:c7:99:16:c9:b1	0001_Secured_Wi-Fi -81
b4:c7:99:16:c9:b3	0000_Secured_Wi-Fi -72
b4:c7:99:16:44:20	0000docomo -91
b4:c7:99:16:44:23	0000_Secured_Wi-Fi -86
b4:c7:99:16:44:24	Whity_UMEDA_Free_Wi-Fi -93
b4:c7:99:16:06:f4	Whity_UMEDA_Free_Wi-Fi -89

下位4bit	ESSID
0	0000docomo
1	0001_Secured_Wi-Fi
2	0001docomo
3	0000_Secured_Wi-Fi
4	Whity_UMEDA_FREE_WI-Fi

BSSIDの下位4ビットは異なっていても、物理的には同じ基地局から出ている
異なった無線LANサービスとして使われている例

BSSIDとESSID

ますが、近年の基地局は物理的な1台の基地局から複数のBSSIDを発信する場合がほとんどです。周波数帯の違い、セキュリティ方式の違いなどでこれらのBSSIDではMACアドレスの上位桁5.5オクテットまで同じものが利用されていることが多く見られます。電波観測によって一見多くの基地局があるように見えても、実際に設置されている基地局の数はその1/3から1/4程度であることもあります。上記のMACアドレスの類似性やGMMによる基地局の設置位置推定結果で、それらをまとめて考えた方がいいこともあります。

Wi-Fi機器と一括りにいっても各社各種の端末機種によって特にそのアンテナの性能には違いがあります。同じ出力の基地局電波を同じ位置で観測しても受信電波強度に違いが生じることもあります。電波強度地図は絶対的な強度値をそのまま利用するよりも複数の基地局電波の相対的な強度関係を利用するようなメトリックの取り扱いが好ましい場合もあります。

POINT

- 移動する基地局もあるので、そのスクリーニングが必要
- １台の基地局から複数種類の電波が出ているのが普通
- 同条件でも端末の機種によって受信電波強度にはどうしても差がでる

24 Wi-Fi測位の弱点2

落とし穴は環境側にもあります

Wi-Fi測位では電波強度を手がかりに測位します。そのため電波強度に特徴がでていること、すなわち強いものと弱いものが混在していることが重要になります。つまり観測されるすべての基地局からの電波強度が弱いと現在位置についての情報量が非常に希薄になってしまいます。単純にいけば基地局から距離が遠いエリアではWi-Fi測位は不利になります。巨大な空間に少数の基地局しかないと厳しいし、空間の周辺部に基地局が存在しないと電波強度の強弱の特徴がでにくくなります。

基地局は多くの場合は基本的に天井、もしくは壁や柱に設置することになりますが、基地局からの距離が遠くなるという意味では天井が高い空間は苦手です。オフィスビルなどの1階はよく吹き抜け空間になっていることがありますが、なかなか厳しい空間であるといえるでしょう。多階層の建物の中に吹き抜け空間があると、吹き抜けを通して複数の階層からの電波が同時に観測されてしまうことも起きます。ひどい状況では滞在している階層がどこであっても、他の多くの階層からの電波が同時に、あまり強弱の特徴がなく観測されてしまう場合もあります。この場合、階層の判定にWi-Fi電波を利用するのは不利になるので、気圧計などを併用することになるでしょう。

都市の公共空間では通行している群衆の増減が電波環境に影響を与えることがあります。人体は水分が多く含まれるために、電波を吸収・減衰させる効果があります。通行人で混雑している状況では反射波が減少します。また、通行人がまばらで周囲の店舗が開店しておらずシャッターが降りている場合には、電波の反射が数多く起きてしまうため電波環境を変化させてしまいます。このような環境では、測位される時間帯での環境に合せた電波強度地図をあらかじめ作成する必要があるでしょう。また前述のようにユーザの

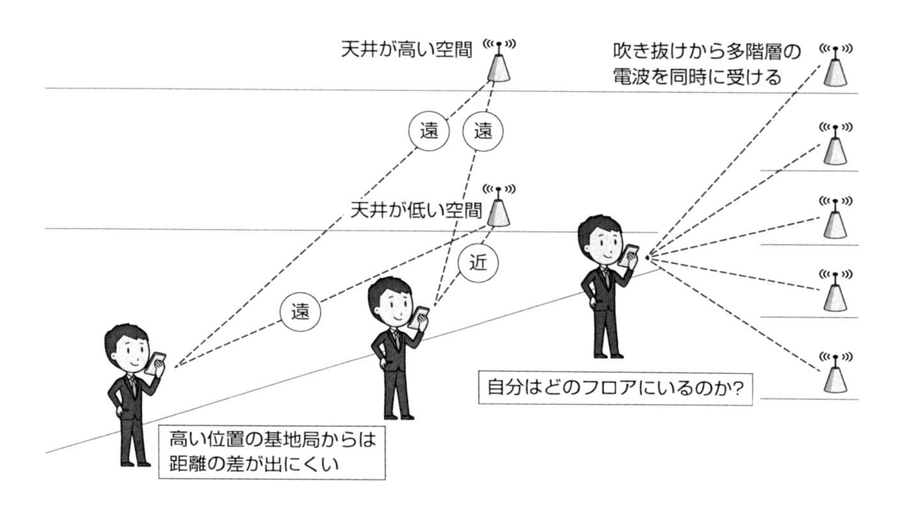

Wi-Fi測位が苦手とする状況

端末の持ち方による減衰でも影響がでてしまいます。

いわゆる3キャリアの努力により公共空間では少なくなりましたが、Wi-Fi基地局が設置されていないエリアもあります。公衆無線LANが整備された施設でもその周辺部には基地局の設置がないこともあり、通信環境としては十分な性能がだせても、測位の観点からは精度が下がることもあります。Wi-Fi測位による屋内測位を推進したい場合には、測位用に電波ビーコンのみを発信するWi-Fi機器を追加設置する場合もあります。しかし、オフィスによってはさまざまな意味でセキュリティを重視するために無線LANの利用を厳しく禁ずるところも珍しくありません。屋内測位はあくまでも複数の手法のハイブリッド方式が基本であることを忘れてはいけません。

POINT

- 基地局からの電波に強弱がないと測位の情報量は減少する
- 吹き抜けの空間や大きなホールでの測位は苦手、通行人の有無やシャッターの開閉にも影響を受ける
- 無線LAN基地局のないエリアの対策も考える必要がある

25 周期的なWi-Fi電波観測の影響

立ち止まっていると精度が上がる?

スマートフォンやPCでのWi-Fi電波の観測は、機種によって一定の周期が決まっています。最も短い周期だと1秒、長いものだと4秒程度です。Wi-Fiの電波チャネルは10以上あり、2.5 GHz帯と5 GHz帯の両方をサポートするものもあり、それぞれをスキャンするのであまり頻度は上げられません。それはバッテリ消費にも影響を与えます。Wi-Fi電波観測は最悪その周期分の遅延がありますから、その間に移動が継続されているとその遅延は測位誤差に悪い影響を与えます。歩行していると1秒で1～2 mは移動していますから、このために5 m近くの測位誤差が生じてしまいます。

電波観測遅延への対策としては、まず移動が継続しているかどうかを判定することです。衛星測位の利用できない屋内での移動は、ほとんどは歩行ですので、PDRを同時に稼動することによって歩行検知をして、後述のハイブリッド測位で補正するのがいいでしょう。衛星測位も1秒単位なので、測位結果が間欠的に通知されるまではPDRなどとのハイブリッド測位が通常の対応となります。歩行以外の屋内での移動にはエレベータやエスカレータ、ムービングウォークなどもありますが、地下鉄移動も含めてこれらは機械学習などのPDRとは別の行動認識手法を活用してそれぞれを区別して、やはりハイブリッド測位することによって補正が可能になります。

一方、歩行検知を併用するようになると別のよいこともあります。もしも歩行しておらず、一箇所に留まっており、何周期も同じ箇所での電波観測ができれば、観測値に対しての統計処理ができます。電波観測はデータが多ければ多いほど有利です。同じ箇所で複数回の観測データがあれば、そのうちの最大電波強度を用いることによってより測位精度を向上できることが知られています。最大値は理想的な減衰曲線に最も近い値であるからです。もと

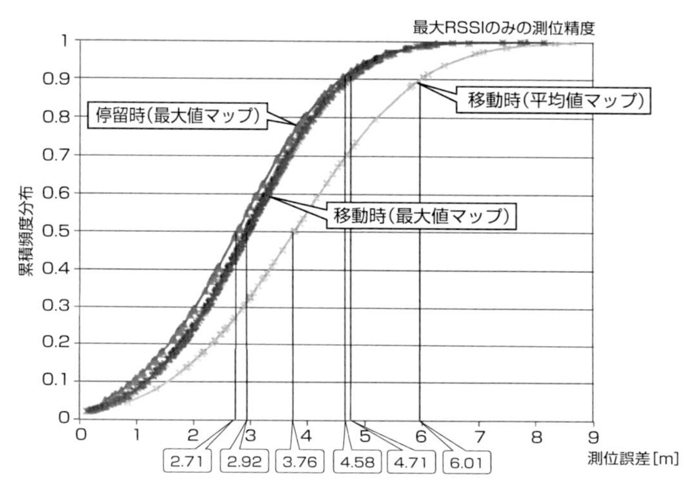

測位結果の何割（縦軸）がどのくらいの測位誤差（横軸）以下に
収まっているかを示す。曲線が左側にある方が良好な性能を示す

「移動時vs停留時」と「平均値マップvs最大値マップ」

もとの電波強度地図も事前観測での最大値にもとづいて作成されているはずですので、当然といえます。

Wi-Fi端末の機種による性能にも依存しますが、一度の電波スキャンで観測できる基地局の数も限界があります。アンテナの利得にも影響を受けますし、そもそもOSの中で観測データを保管しておくためのメモリサイズも影響します。こうした中でも何度も観測できればより多くの基地局からの電波観測値が収集できるので、ある程度の測位精度の向上を期待できます。とはいえ、測位精度は強い電波により大きく依存しますので、弱い電波の基地局情報が増えてもあまり影響はないといえます。

POINT

- Wi-Fi電波観測周期は測位遅延を生じさせる
- PDRとの併用で歩行検知して補正をすべき
- 立ち止まっているときは複数回の電波観測結果の最大値を活用し、測位精度を向上できる

26 Wi-Fi測位の活用

松竹梅とあります

これまで説明してきたようにWi-Fi測位にはいくつかの方式があります。実際に施設内でWi-Fi測位を実施するためには、以下のような手順と設計が必要になるでしょう。

まず、ターゲットの施設の特性を調査する必要があります。Wi-Fi測位にはもちろん、Wi-Fi基地局が設置されていることが必須ですが、それがどの程度あるかです。いまではスマートフォンのアプリにWi-Fi電波状況が観測できるものがあります。Androidでは「Wi-Fiアナライザー」などです。これを用いて、どの程度の基地局が観測されるかを調査しましょう。多くの基地局があるように見えても物理的には一つの基地局の場合もあるので、注意します。建物の構造については考えましょう。建物の中央に吹き抜けの空間があったり、やたら天井が高い空間では測位精度を期待するのはなかなか厳しいです。

必ずしもすべての基地局の素性が把握できていない場合、測位にどの基地局を用いるべきかも課題です。図では採用すべき定常的に観測されるものがある一方、ある時期に撤去されたものや追加されたもの、さらに判定が難しい断続的に観測されるものも混在していることを示しています。

どうしても基地局が足りない、もしくはWi-Fi機器の使用が禁止されている場合には、基地局を追加するか、Wi-Fiとは別の方法、たとえば後述のBLEの導入を考えてみることになります。BLEにも短所・長所がありますので、比較検討してみてください。追加で基地局を設置する場合やBLE測位を検討する場合には、まず二次元測位が本当に必要なのかを考えましょう。二次元測位とは施設のあらゆる場所で測位ができることを意味しますが、目的によっては特定の場所でだけ測位が可能であれば十分な場合もあり

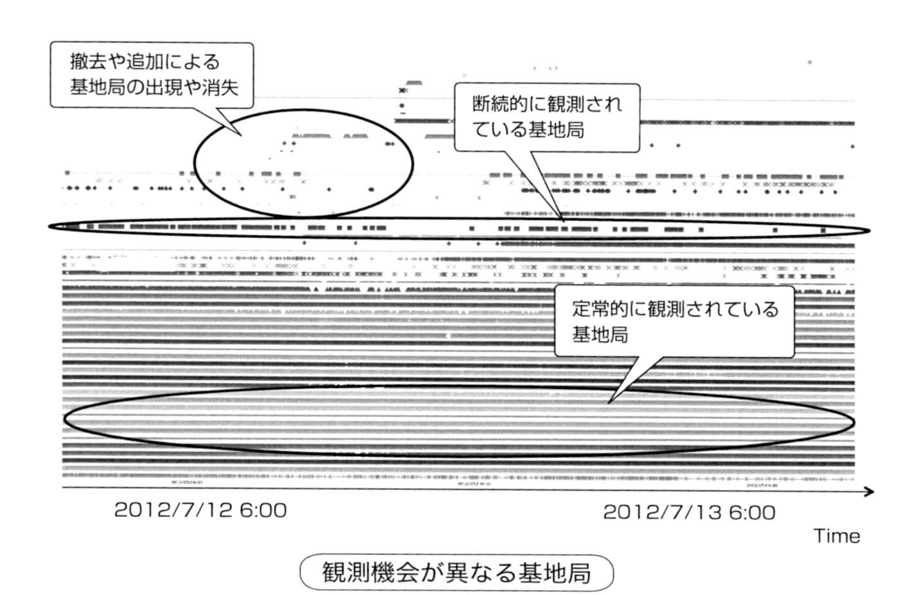

観測機会が異なる基地局

ます。博物館などで展示物の前だけで認識できればいい場合もその例です。このような場合には測位が可能になるホットスポットのみに向いたBLE測位や、そのエリアへの進入と退出を認識するジオフェンシング技術の導入を検討してください。どのような場合でもまずどの程度の精度が期待されているかを吟味するのは最優先事項です。それに見合っていれば、わざわざ面倒な電波強度地図を管理する必要はありません。

本格的なWi-Fi測位にはやはり電波強度地図の作成とその管理が必要になります。また、経年劣化による精度低下もありえますので、そのための対策も考えておく必要があるでしょう。さらには、最近になってWi-Fiを用いた新しい測位手法がいくつか提案されていますので、それらを検討してみることもおすすめします。これらの最新技術については後述します。

POINT

- 目的に合せて測位方式を考える
- 施設の全域での測位が本当に必要か
- 電波強度地図の作成はそのメンテナンスも同時に考えること

COLUMN

スマートフォンのセンシングを止めない努力

センシングを伴うアプリはセンサーの値を常に処理しつづけなければなりませんが、それはバッテリ消費を拡大してしまいます。そもそもセンサーの出力を読むのがメインプロセッサであることが元凶です。センシングを止めないためにメインプロセッサはスリープしないで、常に動きつづけなければなりません。そこで最近ではセンサー機器をまとめたチップにそれをバッファリングしたり処理したりするプロセッサを備えた、センサーハブと呼ばれるチップが開発されました。iOS機器ではメインプロセッサAXシリーズと並んで、モーションコプロセッサと呼ばれるMプロセッサがセンサーハブを担っています。

センサーハブやコプロセッサとメインプロセッサの大きな違いは動作クロックが2ケタ以上遅いことです。このおかげでコプロセッサが動きつづけてもメインプロセッサはスリープすることができて電力消費も押えられるのです。また、近年のプロセッサは細かな時間単位でのスリープが可能になり、専用の動作モードが設けられていて消費電力の効率化がますます進んでいます。

第 4 章

BLE測位手法

27 BLE測位の概要

真打登場かと誰もが思った？

2014年6月、Appleが毎年実施しているWWDCでひっそりとアナウンスされたのがiBeaconです。

Bluetoothはそもそも Intel、IBM 等が中心になって策定した数mから数十m程度での簡易な近距離無線通信規格で、それまでPCに装備されていた赤外線通信やシリアル通信を置き換える意図がありました。Bluetoothのバージョン3まではその路線で、PCとマウス、キーボードやヘッドセットや携帯電話を接続する用途で主に活用されてきました。2009年11月に公開されたバージョン4で大きく状況が変りました。バージョン4ではバージョン3までへの完全な下位互換性を断ち切って、Bluetooth Low Energy規格（以下、BLE）を追加して大きく省電力の方向に梶を切りました。また、通信開始時などに活用されるビーコンの使用の可能性を広げ、ビーコン発信機としての道を拓きました。それまでは親機（セントラルモード）がPCに内蔵され、ノートPC等のバッテリに迷惑をかけない程度の省電力性能であったのが、用途によっては単体でボタン電池で数年程度連続して動作できるようになりました。

Appleが2014年にアナウンスしたiBeaconは、このBLEをベースとしてプレゼンス通信のために機能追加した、Apple独自のオープンな規格です。同社にはそれまでもMFI規格（Made for iPhone）があり、iOS機器のためのケースや周辺機器をサードパーティが製造販売するときの認定規格として活用されていましたが、iBeaconではiPhoneが通信対象とするBLE通信機の実装規格を公開して、iBeacon認定のビーコンタグが市販されるようになりました。2015年に日本のアプリックス社が10個で1万円程度のビーコンタグを販売し、いわゆる価格破壊が起きてiBeaconフィーバー現象が起きました。もともとiBeaconは数mから1mを切る程度の近距離でのビーコンタグの存在を通信し合うためのもので、O2O（Online-to-Offline）型のマーケティング等での利用を前提としています。店の入口やワゴンなど、客に特定の情報を配信したい場所でのみホットスポット的に活用することを考えていました。しかし、日本ではこの価格破壊が起きたことも反映して、店舗内や施設内に均一にビーコンタグを設置して、あらゆる箇所で二次元測位を可能にする「夢」を見たのです。これはAppleの意図とは必ずしも合致してはいませんでした。AppleはiBeaconを測位用途では考えておらず、Wi-Fi測位をベースに考えていました。BLEは測位で利用するには電波到達範囲が狭すぎると考えたようです。

価格破壊を起したアプリックス社のBLEビーコンタグ

超小型で電池で1年以上も稼動して価格も安いビーコンタグは、屋内測位を試してみたかった施設管理者にとっては導入や実証がお手軽でしたので、多くのスポットでiBeaconを活用した実証実験がなされました。その中にはAppleの意図どおりの趣旨のものもありましたが、二次元測位を目的としたものもありました。後述しますが、サードパーティがiPhoneを用いた屋内測位を実現できる唯一の技術であったことも、このブームには影響しました。

POINT

- 超低消費電力のBluetooth Low Energy規格は画期的
- BLEを活用してAppleがiBeacon規格を発表したことが始まり
- ビーコンタグの価格破壊が起きた日本では2015年からブームが起きた

28 BluetoothとBLE仕様

無線LANと棲み分けています

Bluetoothは2.4 GHz ISM帯（Industrial, Scientific, Medical）という比較的高周波数帯で周波数ホッピングを用いており、拡散スペクトル方式のWi-Fiと共存するとBluetoothの方が強いといわれています。また、Bluetoothはそもそも Wi-Fiと違って、超低消費電力の無線通信規格です。無線LANの802.11規格にもPSM（Power-saving Mode）という子機側が周期的に基地局をpull型通信する低消費電力モードはありますが、その比ではありません。いずれにしろ、この帯域はそれ以外にも電子レンジやワイヤレス電話機、ビデオ転送機など多くの機器が使用し、通信品質の保証は困難です。そんなISM帯域の中で、BLEタグの存在を広報（アドバタイズ）し測位に利用されるアドバタイズパケット用の通信チャネルには無線LANとの衝突回避の工夫があります。2.400 GHzから2.480 GHzまでに2 MHz単位で40チャネルがあって、0～36 chがデータチャネル、37～39 chがアドバタイズチャネルとなっています。一方、無線LANは1 chあたり20 MHzで14のチャネルを5 MHzづつずらして、隣接するチャネルと重ねて配置しており、よく使用されている中心周波数が2.412 GHz、2.437 GHz、2.462 GHzです。BLEのアドバタイズチャネルである37～39 chは、それぞれ2.402 GHz、2.426 GHz、2.480 GHzのように避けて配置されています。

Bluetoothには電波出力を規定したClassという概念があり、強さによってClass1から3まで分類されています。とはいえ、通信距離1 mを想定したClass3デバイスはほぼ出荷されておらず、100 mを想定したClass1デバイスは出荷されてはいますが、電波法の関係で更に低い出力に制限されてしまう上にWi-Fiへの優位性がないため、実際に利用されているのはほとんどが10 mを想定するClass2デバイスです。

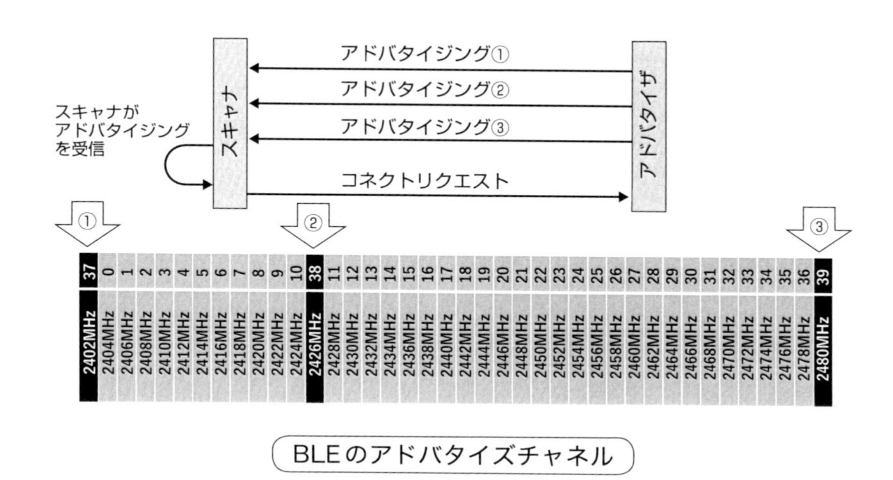

BLEのアドバタイズチャネル

Class2デバイスでは電波出力が4 dBm（2.5 mW）と非常に弱く設定されています。通常、Wi-Fiの電波出力は15 dBm（30 mW）程度なので、まさに桁違いに省電力であることがわかります。また実際に出荷されているBLEビーコンタグの仕様を見ると、電波出力が4 dBm～－20 dBmなどと記載されているものがあります。これらは電波強度の強弱を多段階で設定することが可能で、値が小さいほど送信される電波の出力強度は小さくなります。

通信間隔も100ミリ秒程度から数秒で多段階で可変になっているのが普通です。受信側の端末の性能にもよりますが、単純に頻繁に送信すればいいわけではなく、いわゆるパケットロスが生じるだけの場合も多くなります。ちなみにiBeaconでは送信間隔は100ミリ秒と決められています。いずれも用途に合せて設定しますが、電波強度を弱く、低頻度で設定するほど電池駆動では長寿命になっていきます。年単位で持たせるためには、送信間隔を数秒単位にして乾電池等の容量の大きなものを使うことになります。

POINT

- BLEのアドバタイズチャネルは無線LANを避けて配置
- Class2デバイスは2.5 mWから多段階で電波出力を小さく制御できる
- 通信間隔も100ミリ秒から数秒と省電力を考慮

29 BLEとiBeacon

電波強度はFar/Near/Immediateで

AppleのiBeaconではBLEビーコンタグからアドバタイズパケットと呼ばれるビーコンが定期的に送信されますが、そこにUUID（Universally Unique Identifier）、Major、Minorの3種類の識別子を含めています。3つのID情報のうちUUIDは必須で128ビットあり、MajorとMinorはオプションの設定です。利用例としては、UUIDでサービスやアプリを示して、Majorで施設、Minorでフロアや部屋などのように細分化していきます。UUIDは普遍的に世界中で重複しないIDとしてIETF（Internet Engineering Task Force）の技術仕様RFC4122で規定されています。時刻やMACアドレス、乱数などをシードにハッシュ関数を用いて生成されます。

BLEのアドバタイズパケットでのID構造をiBeaconのUUID、Major、Minorで構成していますが、ここから位置情報を得るには、その変換をするために一度データベースにアクセスする必要があります。iBeaconを利用せずアドバタイズパケットに直接、国土地理院が規定する場所情報コードなどの位置情報を載せれば、位置情報データベースへのアクセスが必要なくなって有利です。場所情報コードもUUIDと同じく128ビットで構成されていて、どちらを選択するかはBLEビーコン環境の設計ポリシーに依存します。これを考慮してBLEビーコンタグの機種では複数のID情報をアドバタイズできるようにしたものも市場に出ています。

iOS機器などがアドバタイズパケットを受信すると、上記のID情報以外に、電波強度をビーコンタグとの距離として「Far = 遠い」「Near = 近い」「Immediate = 非常に近い」の3種類で表現して通知してくれます。iBeaconでは電波領域への出入りを監視するリージョン監視機能も持っていますが、領域を出たときの判定は1分近くの遅延があるようです。さらに、iOSの

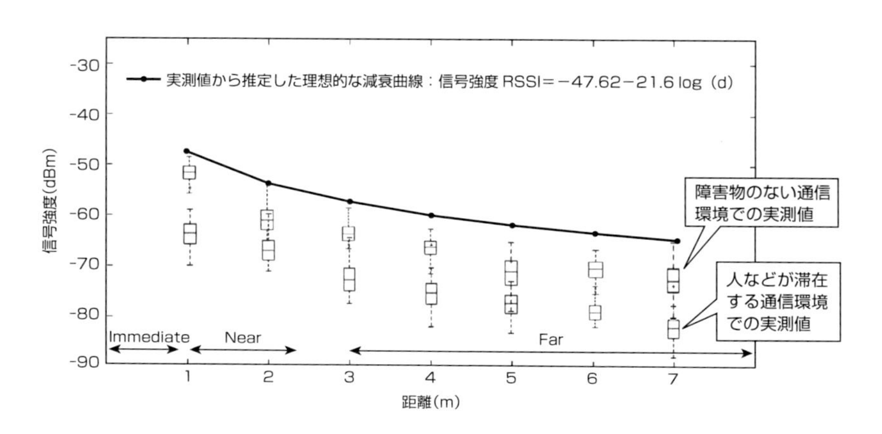

BLEタグからの距離と信号強度

バージョンなどによって細かな違いがありますが、専用のアプリが前面にある場合、スリープしている場合などで、ビーコン電波で受けとることができる情報が変化します。これはAppleがバックグランドで動作するアプリによるバッテリ消費に細かく気を配っているためだと思われます。OSレベルでの規制であるため、開発者はこの制約に悩まされることが多いと聞きます。iBeaconはiOS8から導入され、現在市販されているiOS機器のすべてで対応しています。

Appleに対抗してか、GoogleもiBeacon相当のオープンな仕様としてEddystoneを公開しています。Eddystoneでは単にID情報だけでなく、URLを配信する等の拡張も行なわれています。Androidでは4.3から、Windowsでは8.1からBLEに対応したAPIが提供されていますが、機種として安定して利用できるようになるまでは少し時間がかかりました。

POINT

- iBeaconではUUID/Major/MinorのID情報とFar/Near/Immediateのタグとの距離情報を取得
- UUIDを使うか場所情報コードを使うかは悩ましいところ
- GoogleでもEddystoneというオープン仕様を公開している

30 BLEビーコンタグ

バッテリもハーベスターも給電型も

前述の価格破壊が起きた後、BLEビーコンタグはさまざまな機種が出現しました。最も低価格なものは基板剥き出しのプロトタイプや工作用の実装でしたが、きれいにパッケージングされたものが一般化しました。

BLEビーコンタグのフォームファクタ（パッケージの形状や大きさ）を決定する最たるものはバッテリです。ボタン電池のものはキーホルダーやネームタグのように小型なものが市販されましたが、その多くは電波送信間隔を数秒にすることによって電池寿命に配慮したものになっています。単三電池を2本から4本と搭載するタグは大型にはなりますが数年稼動させることができ、多くの施設ではこのタイプが利用されました。

さらに、省電力で稼動できるということから光発電素子をハーベスターとしたソーラービーコンも発売されています。ソーラービーコンはハーベスターにあたる発電素子の面積を取る必要があることから、やや大型になりますが電池交換のメンテナンスはフリーという利点があり、注目されています。発電素子は屋内光の当たり具合によって発電量が変化するため効率のよい設置が要求されるとともに、環境の経年変化にも注意する必要があります。特にハーベスターが埃などによって汚れることによる発電量の低下にも注意が必要です。

電池で稼動できることはBLEビーコンタグの大きなメリットであるとともに、タグごと交換するのでない限りは電池交換のメンテナンスを必要とするというデメリットであると考える施設管理者も多くいました。そこで、電力供給を前提としたBLEビーコンタグの実装もいくつか生まれています。蛍光管内蔵型のビーコン発信機や、火災報知器組込み型なども提案され、プロトタイプ実装がなされています。電源供給の簡便さ多様さを考慮した

出典：平成30年2月「屋内測位のためのBLEビーコン設置に関するガイドラインVer.1.0」国土地理院

BLEビーコンタグの例

USB給電型のタグも出荷されています。電池交換よりも給電型を選択した場合には、いっそのことビーコン発信機だけではなくビーコン受信もできるものを設置するという選択肢もあります。この場合は人々がタグを持ち歩き、環境側が中にいる人を認識するという用途にも向きます。

一度、施設にビーコンタグが設置されると、電池交換以外にもそのメンテナンスはつきものです。日常的にはその死活監視をする必要があるでしょうし、当初の設定を変更したいこともあるでしょう。このようなメンテナンスには双方向通信ができると嬉しいですが、そもそもビーコンタグはアドバタイズパケットを送信するだけのものでした。そこで、例えば1日に1度だけ近隣のタグと通信してメンテナンス情報を交換するメッシュネットワークを構成できるタグが出ました。いまではこのメッシュネットワークの機能は新しい規格としてBluetoothバージョン5に取り入れられています。さらに変り種の実装としては、iBeacon仕様にのっとったものと、それにとらわれずさまざまなサービス要求に応えるために素のBLE仕様のビーコンタグを1基づつ計2基搭載するタンデム型のビーコンタグも出荷されています。

POINT

- バッテリがBLEビーコンタグのフォームファクタを決める
- 光発電素子のついたものもある
- 死活監視などのためのメッシュネットワークを形成できるものもある

31 BLE測位の仕組み

1、2、たくさん

BLEビーコンタグが安価で設置も容易であったので、さまざまな考えの人がこれを利用しようとしました。特定地点（ホットスポット）でのO2Oマーケティングとしてのクーポンやポイント、チェックインの用途はAppleの、すなわちiBeaconの趣旨とあっていましたが、屋内測位に活用しようと、施設に多数のタグをまんべんなく設置して二次元測位を目指した人もいます。BLEに限らずWi-Fiでもビーコン電波を複数受信して電波強度に応じて測位する場合には、タグや基地局の近傍の電波強度が大きく減衰するエリアで特徴がでます。電波出力が強いWi-Fiと比較するとBLEでWi-Fiと同等の測位精度を得ようとすると必然的に大量のビーコンタグを設置する必要があります。いくつかの実証実験の結果、7.5 mピッチでタグを設置する必要があることがわかりました。ただ、通路のような場所ではもっとピッチを長くすることもできますし、BLE測位以外にPDRや、それこそ利用が可能な環境であればWi-Fi測位を併用することによって設置数を減らすことも十分に可能です。原理的には通路状の環境では同時に近傍の2つのタグからの電波を観測することによっておおよその位置と進行方向を推定することができます。

複数のタグからの電波強度観測によって測位する手法では、Wi-Fi測位と同様にフィンガープリント方式、パーティクルフィルタ方式が利用できます。図にはいくつかの端末でパーティクルフィルタ方式での測位結果を示しました。BLEの場合にはそもそも測位が目的で施設側が設置することになるので、タグの設置場所が既知であるだけではなく、測位精度を向上させるために有効な場所に設置することも可能です。この点ではWi-Fi測位に比較して大きなアドバンテージだといえるでしょう。電池方式であればWi-Fi基地局のように電源線、通信線等の取り回しを考慮する必要もありません。

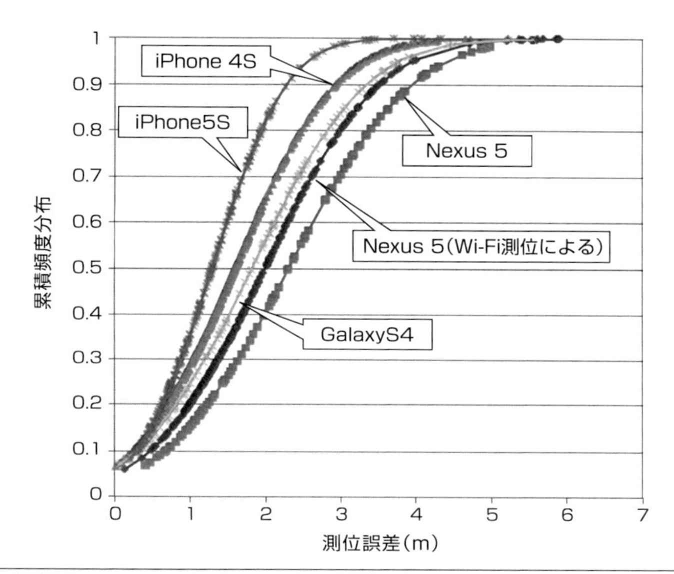

各種端末でのBLEによる二次元測位（パーティクルフィルタ方式）

設置は電波観測と同時に行なうべきです。本来、Wi-Fi基地局は優良な無線通信環境を提供することが目的なので、測位を目的とした場合とは微妙に設置の仕方に違いがでてきます。Wi-Fi基地局は可能な限り設置台数を減らそうとすることが多いと想定されますが、BLEタグの設置は容易なので、抜けをなくすことの方が優先されます。また、一方でもともとWi-Fi測位と併用する形で、Wi-Fi基地局が希薄な場所を補強するという目的と、交差点、階段、エレベータ、エスカレータなど特にナビ等で鍵となる重要な箇所（Point of Interest：POI）を識別する目的のためにBLEビーコンタグを設置するという方式も有望であると考えられています。

POINT

- 用途に応じてホットスポットか二次元測位かを決める
- フィンガープリント方式、パーティクルフィルタ方式が使える
- 測位環境の設置の自由度はWi-Fiよりも高い
- 他の屋内測位手法との併用を考えて効果的に活用しよう

32 BLE測位環境の整備

いろいろと注意することがあります

実際にBLE測位環境を整備するためには、さまざまな注意点があります。まず、BLEビーコンタグを設置しながら、また設置後にも、正しく設置されているかを確認するための電波観測が必要です。電波観測では、BLEビーコンタグからの距離に応じた電波減衰が見込めることが重要です。省電力のためにもともと距離によって電波強度が低値一定で変化しないように設定されたタグもあるので、電波出力が調整・制御できるものを選んで、電波強度に濃淡が出るように調整してください。

Androidには多様な端末機種が存在し、BLEの受信性能が芳しくないものもあります。受信性能が悪いとパケットロスも頻出します。Wi-Fiと比較するとBLEは多くのビーコンパケットを送出できますが、それが良く影響する場合も悪く影響する場合もあります。特にBLEがOSレベルでサポートされたAndroid4.3以降が重要で、対象の機種が発売されたときのAndroidのバージョンが最低でも4.3であること、できれば5以上が望ましいです。

BLE測位をするアプリも電波強度を絶対的な値として処理していると、整備時にもともと想定していた機種との違いに影響を受ける場合があります。BLEビーコンタグの整備と測位アプリの開発は同時に同一の業者によって実施されるのが理想です。

BLEビーコンタグは電波強度とともにパケット送信間隔も制御可能なものを用いるのがよいですが、実際に環境に合せたトレードオフが必要です。例外もありますが、測位精度を上げるためには強度を上げて間隔も狭くした方がよいですが、電力消耗は当然激しくなります。またホットスポットや、特定のエリアへの進入・退出のみを検知するジオフェンス的な適用なのか、二次元測位を期待するかにも合せて調整する必要があります。

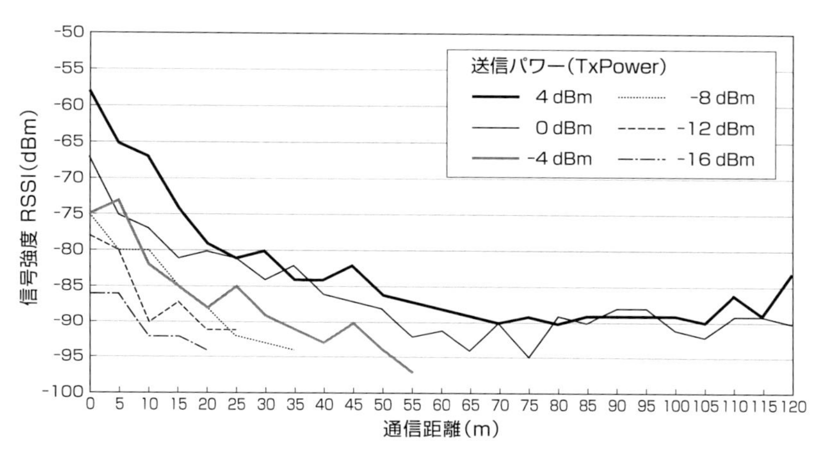

出典：平成30年2月「屋内測位のためのBLEビーコン設置に関するガイドラインVer.1.0」国土地理院

BLEの送信出力を変えたときの電波減衰

設置する環境に則して細かな配慮が必要になることがあります。人通りの激しい箇所では無人の場合と比べると電波減衰が大きくなることを考慮する必要があります。整備時の電波計測も人がいない夜間にすると、実際に利用する昼間では精度が悪化してしまうこともあります。夜間には店舗のシャッターが閉まっているなどの理由で電波の反射条件がまったく異なることもありますので、注意が必要です。

吹き抜けなどの多階層での開放空間は、電波観測ベースの測位手法では最も鬼門になります。この場合、各階層でのビーコンタグの設置位置を合せる方が違いがわかりやすくなります。各ビーコンタグごとに設置の目的が測位とPOI・ホットスポットの認識に分かれることがあります。POIの認識用のタグは必ずしも測位には理想的な位置ではないこともあります。

POINT

- **BLEビーコンタグの設置・整備は電波観測のチェックが必須**
- **実際に使う環境、時間帯に近い条件でのチェックが必要**
- **用途に合せて、出力強度やパケット送信間隔を調整**

COLUMN

iBeaconを測位インフラとすべきか？

2014年のWWDCでAppleがiBeaconを発表したとき、Apple側での取り扱いは小さなものでした。少なくともキーノートではOSの新機能として言葉がでただけでした。しかし、日本での反応はそれなりに大きかったのです。iBeaconはインストアでのO2Oサービスとしての位置づけが強く、屋内での位置情報を扱いはしますが、スポット的にしか活用されませんし、絶対位置と紐づいたものではなく、その場にあるモノやコトに紐づけられるものとして提案されました。誰もそのビーコンが特定の絶対位置から離れないことを保証するものではありません。にもかかわらず、積極的に屋内で位置情報を活用したいサービサーには格好の提案、というか代替できるものがなかったということでしょう。国土交通省の高精度測位社会プロジェクトでは測位インフラとしてフォーカスしましたし、2017年に日本IBMが日本橋コレドで実施した実証実験でもBLEによる二次元測位がフィーチャーされました。その理由はiOSデバイスでも稼動することという意味合いがありましたが、本家のAppleが屋内測位手法としてiBeaconではなくWi-Fi測位をメインとしているのは皮肉です。BLEはWi-Fiと比較すると電波出力が弱いので二次元測位には設置数が多大になり不利だといえます。導入する場合には電波強度分布を実測しながら効率的に配置するテクニックが必要になります。

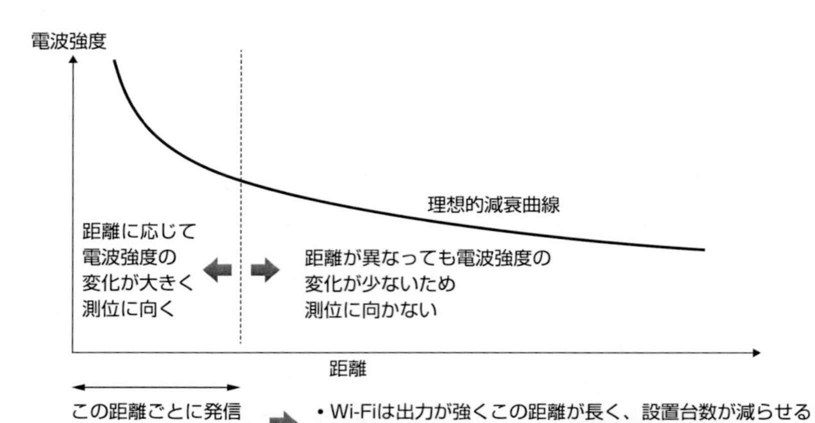

第 **5** 章

新しいセンサー・デバイスの活用

33 気圧センサーの活用

ややこしい気圧と標高の関係

2013年に発表されたiPhone 5sからモーションコプロセッサM7チップが内蔵され、翌年iPhone 6/6 Plusが発表されたときにはM8にアップグレード、気圧センサーが内蔵されました。Androidもそれ以前からGoogleのNexusシリーズやSamsungのGalaxyシリーズには既に気圧センサーが内蔵されていましたし、現在では多くの機種で採用されています。気圧センサーは上下の階層移動を認識できるだけでなく、天候の変化やそれに伴う体調管理を支援するアプリケーションが開発できるなど有望なセンサーです。何より端末単独で利用でき、MEMS技術を用いたセンサーであるため消費電力が非常に低く、常に看視しつづけるアプリケーションにとって実用的です。

屋内測位では階層間移動の認識に便利なセンサーとして重宝されています。端末が上へ登れば気圧は下り、下へ降りれば気圧は上がり、その精度も向上して1m未満の上下移動も認識できるようになってきています。つまり階層が違えば明らかな気圧の変化が認識できるわけです。環境によらず端末だけで階層移動を認識できる点は便利ですが、絶対的な標高を知りたい場合には端末単独では面倒です。その場所の気圧は標高のみで一意に定まるものではなく、物理法則によると海抜0mでの気圧と気温を必要とする関係式から導かれます。さらにいうと、本書がターゲットとしている屋内空間は空調が整備されている非開放空間である場合が多く、この標高と気温と気圧の絶対的な関係式が破綻しています。気圧センサーを利用する場合には相対的な階層移動を認識することに徹した方が使い勝手がよさそうです。

絶対的に何m標高が変化したかは諦めるとして、何階層変化したのかはわかりたいところです。これには事前に各施設の階層ごとでの気圧変化の参照値が必要です。施設によっては1階のみ天井が高く、2階から同じ高さに

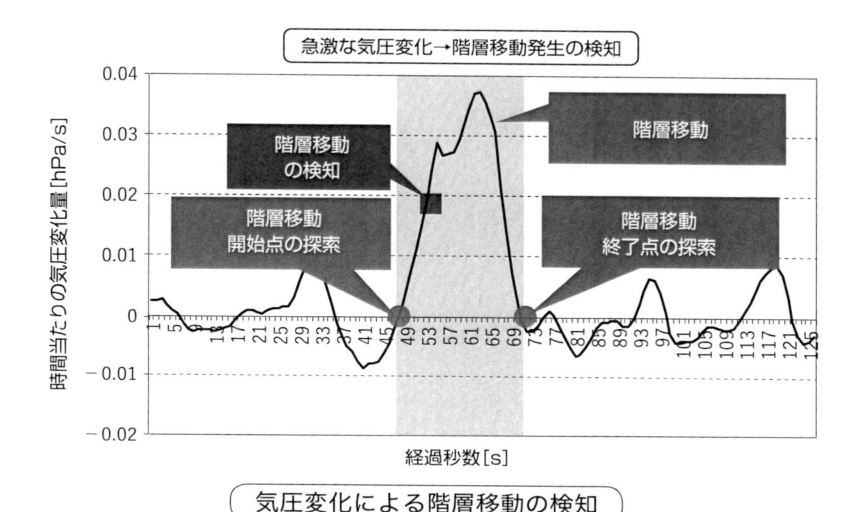

気圧変化による階層移動の検知

なっているところなどもありますので、この参照値は階層間での気圧差で表すのが適切でしょう。気圧差も室温などの環境によって多少の変化がありますが、1階層間が2メートル以上あれば影響が出ることは少ないでしょう。とはいえ、高層エレベータを用いて数十階層を移動すると誤差が生じることもあります。筆者らの実験によると階層間が3ｍの建物であれば37階以上の階層を一気に移動すると階層推定を間違える可能性があるので、いずれにしろWi-Fi測位などの絶対的測位手法との併用がよいでしょう。

さらにややこしいことに階層の名称のつけ方も施設ごとに異なります。ある施設の地下1階が物理的な階層移動なく別の施設の地下2階に接続していることもありますし、建物の両側に高低差がある場合に必ずしも地上階が1階でないこともあります。施設のつける階層の名称のみならず、施設間の接続関係や地上階であるかどうかについても別途データベースが必要です。

POINT

- **階層間移動の認識は気圧センサーを用いると便利**
- **標高を認識しようと欲ばるのはよくない**
- **施設の階層情報を事前にデータベース化しておくべき**

34 気圧センサーによる階層推定

敵は台風と乗り物、特に地下鉄？

階段での移動、エスカレータでの移動、エレベータでの移動、それぞれでの気圧センサーの出力の波形には傾きやなめらかさなどの特徴があります。場合によっては階段の途中にある踊り場を歩行している間は気圧が変化しませんので、それを認識することも可能です。

気圧センサーの出力する生データは平滑化処理後に一階微分値の監視によって、階層間気圧差の閾値を用いて階層間移動の認識を実現します。階層移動認識は多くの場合リアルタイムで実行する必要があります。センサーは敏感に反応しますが、多少の認識遅延は生じます。特に階層移動の終了、すなわち気圧変化の安定を認識するのに遅延が生じるのは仕方がないので、それを踏まえて活用する必要があります。筆者らのスマートフォンでの実装では、階層移動の終了判定に要する遅延は5秒以内で4割、7秒で8割、9秒ですべてのケースで判定できました。階層移動箇所は施設では限定的なので、施設内設備データベースを用いたマップマッチングによって、PDRなどの累積誤差のリセットは有用です。認識遅延対策とこのマップマッチングは同一処理として対処すべきでしょう。

気圧センサーにももちろん注意すべきことはあります。階段での階層移動中の立ち止まり状態を気圧センサーのみで正しく認識することは困難です。一段づつ上り下りしていればPDRを併用して段数をカウントすることも可能ですが、Wi-Fi観測を併用した階層推定も有効でしょう。

表参道ヒルズのように階段がなくスロープのみによって構成された多階層建築物というのはあまり出会わない例かもしれませんが、XDRのように車椅子での移動を認識する場合、スロープ利用は日常的です。これもまた、施設のスロープ箇所のデータベース化に頼ることが基本になります。

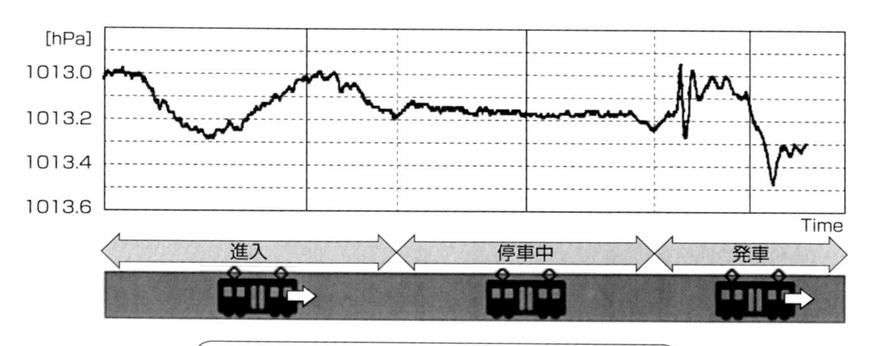

地下鉄の駅ホームで観測した気圧の変化

天候の変化による気圧変化は常にウォッチしておく必要があります。階層移動と比較すれば変化の時間的スケールが、たとえ台風の接近といえども十分に遅いので対応可能ですが、絶対的な気圧値の取り扱いは常に注意が必要です。階層移動を認識していない期間は現在の滞在階層についての絶対的気圧の参照値を維持管理することが望まれます。

あらゆる環境で端末のみで利用可能と述べましたが、これにも残念ながら例外があります。乗り物に乗車している場合には、地形のアップダウンに応じて気圧変化が生じます。自動車で勾配を移動するときと歩行者の階段昇降はほぼ同程度の傾きになります。トンネルへの突入と脱出では特異な気圧変化が生じます。乗り物に乗車しているかどうかの判定は、階層判定より以前の問題として、移動速度認識などの技術によって解決しておく必要があります。乗り物の乗車以外での最後の難関は地下鉄の改札内、特にプラットフォームです。この場所では必ずといっていいほど階層間移動が生じますが、車両の出入りによる大気の吸引現象が頻発しているために、そのときに生じている気圧の変化が正確に階層間移動であるかどうかの判定が困難です。

POINT

- リアルタイムでの階層移動認識では認識遅延に注意
- 天候による気圧の自然な変化と乗り物には注意
- 地下鉄の改札内ではほとんど役に立たない

35 地磁気センサーの活用

思ったより使いにくい

3軸の地磁気センサーはほとんどのスマートフォンに内蔵されています。もちろんもともと方位を認識するためのものではありますが、屋外と比較すると屋内ではそのように素直にはいきません。正確に地磁気だけに反応してくれればいいのですが、もちろんすべての磁気に反応しますので、磁化した金属にもモーターにも反応します。

PDRは相対的な測位手法で、特に初期位置と初期進行方向の情報は他から与えないと絶対位置の推定にはいたりません。初期進行方向の推定には地磁気センサーが期待されますが、屋内ではあてにならないことが多いのです。建物の中は金属に囲まれています。鉄骨、窓・壁・天井等の金属素材、設置された機器などに接近するとセンサー値は乱れます。エレベータ、エスカレータ、冷蔵庫、自動販売機、エアコン、掃除機などモーターを内蔵した設備も多く存在します。

近年では屋内でこれらの地磁気を乱す要因を逆手に利用して測位する手法が提案されています。Indoor Atlas社は地磁気ベースの屋内測位技術を提案しています。地磁気の乱れは3軸の地磁気センサーで3Dで地図化されます。乱れがなければあらゆる箇所で北極から10度位傾いた方向を指すベクトルとなるはずですが、実際には乱れがあるために異なった方向を指した磁気地図と呼べるものが作成されます。磁気地図を事前に作成して、観測される磁気センサーの出力値の時系列をパターンマッチすることによって現在地を推定するのが基本的な仕組みです。

一時期、この地磁気測位手法は大きな話題を呼びましたが、以下のような欠点があり、これのみで万能な屋内測位手法とするのには無理があることがわかってきました。

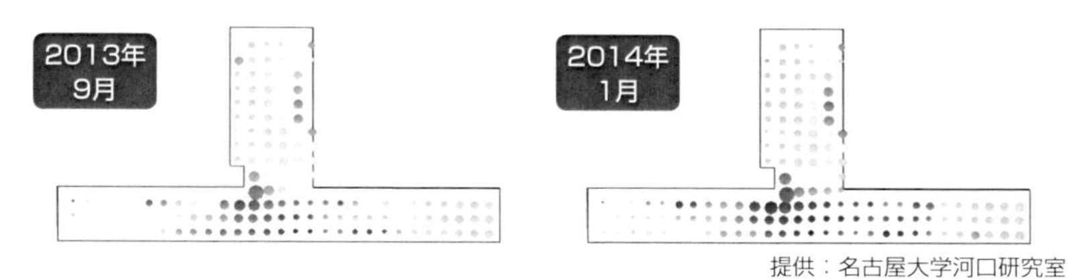

屋内の各点での磁気の計測結果を円で表示。半径が強度、カラー表示の場合は色（RGB）が三次元ベクトル方向を表す
磁気地図は一度計測すると自然には４ヶ月を経てもあまり変化しない

磁気地図の例

まず磁気地図を作成し維持管理する必要があります。これはWi-Fi測位でも同じなので地磁気測位だけの短所とはいえませんがコストがかかることは確かです。Wi-Fi測位の電波強度地図の作成時に同時に実施すればコストは縮小できると思いますが、機器や設備の更新によって変化が起きますので、最初に一度作成すればずっと使えるものとはいえません。

より致命的な欠陥は絶対位置を推定するのが困難な点です。これはPDRでも同様ですが、Wi-Fi測位には劣る点でしょう。たとえ完璧な磁気地図があったとしても、基地局IDにバラエティがあるWi-Fiの電波強度地図と比較すると圧倒的に情報量が不足しています。任意の地磁気センサーの時系列データのみを与えられたときに、パターンマッチで自己位置推定をするのは明らかに困難です。

結局、地磁気測位は他の屋内測位とのハイブリッドで用いる必要があります。絶対位置の推定のためにはどうしてもそれが必要となります。ただ、屋内測位環境を構築する目的があるのであれば、Wi-Fi電波強度などと同時に磁気地図も作成しておくことは後述のハイブリッド測位をすることを考えればお勧めだといえるでしょう。

POINT

- 屋内では金属やモーターなどのノイズが多く「北」を指さないことが多い
- 地磁気の乱れを地図化した測位手法があるが、絶対位置の推定は困難でハイブリッド測位が前提となる

36 カメラの利用

歩いている人たちが邪魔

現代社会にはカメラが溢れています。スマートフォンについたカメラだけでなく、防犯カメラ、自動車についたドライブレコーダ、ドアフォンなど。インターネットにも大量のイメージが蓄積されています。Googleのストリートビューは世界中の都市部のイメージデータの宝庫で、最近では屋内や店舗内にも進出しています。

画像認識技術は近年の深層学習の応用が爆発的に拡大したため、いろいろなところで見かけるようになりました。その基礎技術として画像からの特徴点の抽出があります。最も有名な特徴点の指標としてはSIFT特徴量でしょう。画像に写っているオブジェクトの縁や角などコントラストが変化するところや同じテクスチャが連続するところなどを識別しやすくする一種のハッシュ値のように利用されます。このような特徴点を抽出した元画像があれば、同じものを写した画像にも同様の特徴点が抽出できるはずです。これらのマッチングを取ることによって画像同士のマッチング処理を実現することにより、いまカメラが写している場所を、標本として用意しておいた場所と紐づけた特徴点つきの画像から「測位」することが可能になります。

Googleは2017年の開発者会議であるGoogle I/OにてVisual Positioning Service（VPS）のデモを披露しました。ここではまさに上記の技術を実現していましたし、2018年のGoogle I/Oでは位置だけでなく、リアルタイムにスマートフォンのカメラが実世界のどこに向いているかも計算して、アバターを出現させるAR（Augmented Reality）のデモに発展させていました。

もちろん、これらを実現するには現実世界を写した大量の画像を事前に撮影し、その特徴点を抽出して維持管理する必要があります。Googleにはストリートビューがあるので、都市部ではある程度の準備があったわけです。

ユーザ撮影画像

パノラマ写真から抽出した比較画像

画像のマッチング処理による測位

ただし、このようなアプローチを屋内測位で実現するためにはハードルがいくつもあります。まず、現実世界の風景が変化したらそれに対応して撮影をして新たに特徴点を抽出し直す必要があります。特に屋内の商業施設では日々、展示物が変ったりポスターや看板が頻繁に変更されたり、季節ごとに風景の雰囲気がまったく変ってしまいます。特徴点はとてもミクロスコピックなデータですので、すぐに使い物にならなくなってしまいます。Googleの屋外でのARデモがうまくいくのは、屋内とは違って建物の全景などに含まれる特徴点が季節での変化に強く、きっとそれらを多く含めていたのだと思います。さらに難しくなるのはその施設に訪れている人々の存在です。大勢の人が歩いていると、折角、事前に整備しておいた特徴点を含む風景が人々に邪魔されて見えなくなってしまいます。筆者らはカメラの目線を上向きにして実証してみました。図は梅田の地下街のパノラマ写真から人（動くもの）を画像処理で消去し、ユーザが現地で撮影した画像から上部のみをマッチングさせたものです。しかし施設の上部や天井には特徴点となるような箇所が少ない上にどこの天井も似ているという罠がありました。

POINT

- 実世界の風景画像から特徴点を抽出しておくことにより、画像マッチングで位置特定が可能
- 屋内では風景画像の維持管理は大変な上、訪れている人々が邪魔になることが多い

37 可視光通信の活用

照明から情報を照らす

可視光とは通常の照明に使用される蛍光灯やLEDから発せられる目に見える光のことです。それより周波数が高くなると紫外線、低くなると赤外線です。赤外線は、既に述べましたがActive Badgeのように信号を重畳して位置情報を配信する例がありました。可視光通信は可視光に信号を重畳して数Mbpsから数百Mbps程度を数mの範囲の近距離で通信する方式です。

可視光を出力する装置は照明機器はもちろん、テレビやサイネージ、信号など世の中に溢れています。人体への影響もありませんし、なにより同じ電磁波でも電波とは干渉しないので電波法の規制の外で自由な通信環境が整えられます。通信が行なわれている場所を限定するのも簡単で、どこで通信が行なわれているかが一目瞭然なので、セキュリティを高められるという利点もあるでしょう。これらの利点はそのまま欠点ともなりえます。例えば見通しがある範囲でしか通信できませんし、世の中に溢れている可視光同士は干渉する可能性があります。要は用途目的次第ということでしょう。

すべての照明機器が設置された場所の位置情報コードを重畳して発信するというアイディアは可視光通信の利点を生かすもので、2000年代から実用化を目指してきましたが、問題は受信機の方でした。基本的に受信機はフォトダイオードとイメージセンサーの2種類があります。フォトダイオードはスマートフォンにもついている明るさセンサーですが、問題はその受信できる情報量とセンサーを可視光に向けないといけないことへの対応です。イメージセンサーはやはりスマートフォンにもついているカメラの撮像素子です。動画を撮影できるので時間分解能は30 fpsから60 fpsでしょう。両者の違いはフォトダイオードが一つの発光源しか認識できないのに対し、イメージセンサーはその画角内にある複数の発光源を認識することが可能です。複

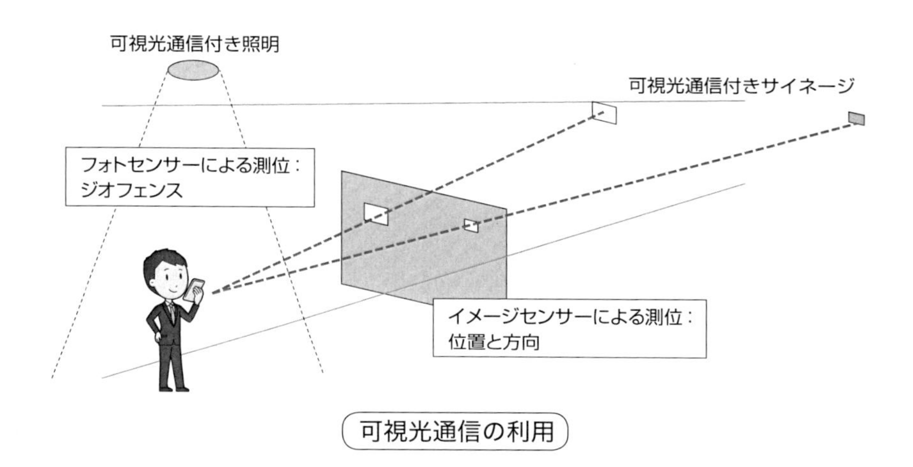

可視光通信の利用

数の発光源が認識できると、それぞれの発光源の施設内での正確な位置が既知であれば、より精密な受信機の位置とそれが向いている方向が算出できます。近年になってようやく、スマートフォンのイメージセンサーは可視光通信のID通信程度であれば実用可能になってきています。最近のスマートフォンがカメラ性能を競っている状況を反映しているのかもしれません。今後、世の中の照明装置が可視光通信を送信し始めると、位置情報以外にもO2O的な活用も増えてくるでしょう。

2つ目の欠点への対応ですが、当然ながらスマートフォンがポケットに入っていると通信はできません。また現状ではBLEのようにOSに機能が搭載されているわけではありませんから、専用のアプリケーションを起動して発光源に端末を向けるという動作が必要ということになります。近年、パナソニックは可視光通信を含めたO2Oサービスを展開するLinkRayという光IDソリューションを開始しています。今後の動向が気になるところです。

POINT

- **世の中に溢れる可視光に情報を重畳する技術で、セキュアでわかりやすい通信方式**
- **近年ではスマートフォンの専用アプリを起動してカメラを発光源に向ければ受信が可能**

38 非可聴音の活用

若者が嫌うモスキートノイズを活用

非可聴音というのは18 kHzから20 kHzくらいの音波のことをいいます。それよりも周波数の高い音波が超音波です。人間の聴力は一般には10 Hzくらいから20 kHzくらいまで聞き取れるといわれています。18 kHzあたりを越えると、若い人にはノイズとして感じることができる人もいるといわれていますが、ほとんどの人には「非可聴」になります。CDには音声がデジタル化されて収められており、44.1 kHzサンプリング、つまりその半分の22 kHzくらいまでの音声を収録しています。若い人にだけ聞こえるといわれるモスキートノイズもこの非可聴音あたりの周波数の音波です。

非可聴音のポイントは、ほとんどの人には聞こえないが機械には発音できて可聴であるというところです。近年ではデジタルオーディオ全盛で、デジタルファイルを用意すればその通りに音を出すデジタルオーディオプレーヤ(DAP)がどこにでもあります。もちろんスマートフォンもその一つです。同様にスマートフォンに付属するマイクもアナログの音声をデジタル化する機能を持っています。非可聴音の周波数帯は微妙な帯域ではありますが、発音するスピーカとスマートフォンがあれば、情報を重畳して近距離通信が比較的簡便に可能になるのです。

2014年にドコモはこの非可聴音を利用したチェックインソリューションである「Air Stamp」を開始しました。これはショップにユニークなID情報を重畳する非可聴音を発音し続けるスピーカを設置、それを聞き取ってID情報を取り出すスマートフォンアプリを顧客に配布することによってO2Oビジネスのチェックインソリューションとして展開をはかったものです。iPhoneもAndroidも特別なハードウェアなしでサポートできるということで、手軽なチェックインサービスとして話題になりました。当初はス

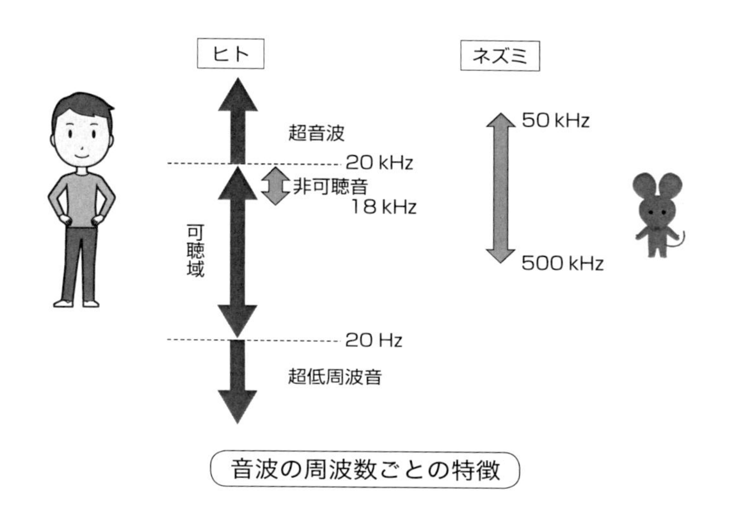

音波の周波数ごとの特徴

マートフォンのハードウェアにやや向き不向きの不具合がでるものもありましたが、18 kHzに近いところを使うなどして、最近ではあまり問題がでることはなくなったといいます。可視光通信よりも狭い範囲での近距離（2～5 mくらい）でのID送信を簡便に実現できるプラットフォームです。

屋内測位という観点からはホットスポット的にジオフェンスとして使う用途に向いています。スポットが狭くなるので、その距離や範囲の調整を考慮する必要はあるかもしれません。複数のスピーカを設置して二次元測位をすることも不可能ではありませんが、2015年に国土交通省の高精度測位社会事業での実証実験を除くと実施例はほとんどありません。複数の非可聴音が混ざると聞き分けるのが困難な状況も起きます。特に飲食店の入った施設では鼠除けとして、施設の出入口付近に小動物が嫌う非可聴音から超音波に近い周波数でのノイズを強力に出す装置がつけられることがあります。事前にこのような雑音のチェックは必要でしょう。

POINT

- ホットスポットでのID配信をスピーカから出力してスマートフォンなどのマイクで拾う技術
- O2Oソリューションとして既に市場を形成

39 屋内版衛星測位IMES

出自の良い規格であったが普及に苦戦

IMES（Indoor MEssaging System：アイメス）は衛星測位の正式な屋内方式の規格でした。もともと準天頂衛星「みちびき」の打ち上げを推進していたJAXAが民間企業とともに屋内での位置情報配信を同時に考えていくべきとして、日本独自に提案したものです。基本的な考え方は屋外も屋内も同じ衛星測位電波受信機を利用して、いわゆるシームレス測位を可能にするということで、測位衛星が利用している無線通信方式と近い形で屋内でも測位を実現しようということでした。これには衛星測位が利用しているL1帯のPRN番号を米国GPSW（現GPSD）から取得する必要があり、厳格に日本国内のみでの使用に限るという条件で2007年11月にPRN番号173から182までの10個をIMES用に取得しました。

IMESは衛星測位と同じハードウェアを使用することを指向して、1.575 GHzでBPSK変調方式で実装されました。しかし測位方式はまったく異なったもので、単一の発信機からの電波による位置情報のメッセージを直接伝達するホットスポット型測位であって、測距の仕組みなどは用意されませんでした。電波には微弱電波を使用しますので、電波での免許を必要としない無線局でいいのですが、その設置はJAXAへの登録手続きを必要としました。その後、2011年にIMESコンソーシアムが結成され、衛星測位で利用しているL1帯のPRN番号を利用するという経緯もあって、その運用を厳格に規定していました。IMES基地局を設置するときには設置内容や管理体制に関する情報をIMESコンソーシアムに登録する必要がありました。変更や撤去に関しても同様です。配信されている位置情報の正確さ、偽装されにくさ、屋外の衛星測位への悪影響の排除などを厳格に規制して、国土地理院の電子基準点や三角点のような基準点体系を補完するような位置情報基盤と

IMESチップ
12 mm × 12 mm

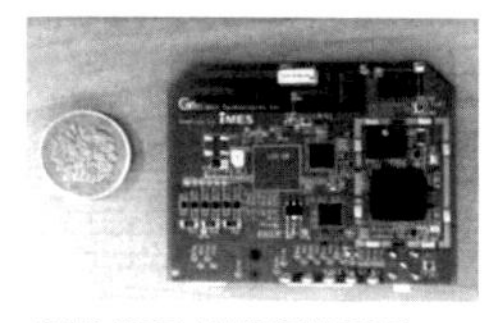

測位衛星技術(株)開発の
IMES モジュール
67 mm × 54 mm

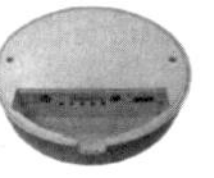

IMES ユニット

提供：社団法人TAIMS屋内情報サービス協会

IMESチップ、モジュール、ユニット

して期待されました。ある時刻に特定の場所にいたという位置認証を実現するというのが一つの方向性ではありました。

IMESの実証実験が東京二子玉川、パシフィコ横浜、北海道、大阪地下街などで実施されましたが、すぐに普及するにはいたりませんでした。衛星測位と同じハードウェアが利用できるとはいえ、微妙な通信方式の違いや追加のPRNの読取りのためファームウェアのアップデートが必要でした。また免許のいらない微弱電波でしたが、IMESの電波が屋外に漏れて実際の衛星電波と混信することは許されませんでしたので、厳密な設置の管理とともに実際の実装でも測位可能な範囲が狭く測位遅延もあり、その性能に不満もありました。そして何より屋内測位方式のライバルが多く、既にWi-Fi測位が基地局の普及とともに現実性を増していて、これからIMESの発信機を同程度に普及させるだけの経済的な投資が見込めるかということが課題でした。既に普及しつづけているWi-Fiが、測位のみならず公衆無線通信のインフラとして機能することを考えると、測位のみのIMESの普及は難しかったといえます。

POINT

- IMESは衛星測位受信機を利用してシームレス測位を目指す
- 測距方式でインフラ普及を目指すもライバルが多く苦戦

40 IMESからiPNTへ

今後は屋内でも高精度時刻同期が必須

2017年はIMESが利用していた10個のPRN番号の利用期限の年でした。具体的にIMESを活用していた施設や企業はいくつかありましたが、日本全国に普及しているという状況には遠かったということで、PRN番号の使用権は米国に返上することになりました。IMESコンソーシアムではそれまでのタスクフォースを継承してIMESを別の形で生まれ変らせる努力を始めました。

米国では、Position（測位）、Navigation（航法）、Timing（タイミング）が揃って考慮されるべきであるとされPNT政策委員会が組織されています。これまでPとNに関しては述べましたが、Tすなわちタイミングにも目を向けるべきでしょう。タイミングは標準時刻と時刻同期の機能を提供することです。測位衛星は精密な原子時計を搭載しており、1機でも衛星電波を受信できればタイミングの役割を提供できます。日本の標準時刻は情報通信研究機構（NICT）が電波とインターネットで配信しています。屋外では測位衛星とNICTの電波とインターネット、屋内ではインターネット配信のみとなります。ここで問題となるのは時刻の同期精度です。インターネットでの時刻同期にはNTP（Network Time Protocol）もしくはその高精度版のPTP（Precise Time Protocol）が利用されますが、精度はマイクロ秒程度です。しかし、今後世の中はIoT/AIの時代「Society 5.0」を迎え、5Gの携帯電話ネットワーク、4K/8Kの放送、多数のセンサーノードが連携して製造や物流、生活を支えることになり、マイクロ秒未満の時刻同期精度が要求されるようになっていきます。屋外では測位衛星から時刻情報を直接得ればいいですが、屋内ではそれだけの精度を出せる手立てがありません。

IMESは2018年、iPNT（Indoor PNT）として生まれ変りました。これまでのIMESの持つ屋内位置の基準点としての位置認証機能は持続しつつ、大

●iPNTへのニーズと期待される効果

Society 5.0 主要産業分野	NEEDS のキーワード	必要度			「屋内高精度位置・時刻インフラ」に期待する効果
		時刻同期	屋内位置	時空ID	
高精度時刻同期　有望市場					
通信（短期）	次世代通信5G屋内対策	◎			地下街、ビル内でも"5G通信"の恩恵をフルに受けられる
放送（短中期）	放送（4K/8K放送、信号同期、オンデマンド）	◎			電波による送信とネット配信のハイブリッド放送の普及加速
スマート工場（短期）	スマートファクトリ 装置連携	◎	○		異なる機器・装置間の連動では共通の高精度時刻が鍵！
IoT（短期）	センサー情報	◎	○	○	IoT情報「いつ、何が、どのように」時刻は、共通情報！高度な時刻管理は、高度な分析が可能になる
電力（長期）	スマートグリッド	◎			電力供給・利用の高度化：電力デジタル化での同期が鍵！
金融（短期）	金融取引（為替・証券・ブロックチェーン）	◎			スマホ等を使った取引が、個人でも素早く・安全・確実にできるようになる
位置情報×時刻　有望市場					
防災（短期）	地下街・施設災害情報 日本版E911	○	◎		災害時でもQZSS（みちびき）からの災害情報に連携した施設毎の避難情報他を送信できる位置情報インフラとなる
IoT（短期）	IoT・ビッグデータ	○	○	○	屋内，機器内などでセンシングされたデータをより高度な処理・分析ができるようになる
スマートシティ（短期）	オフィスジオフェンス バーチャルシンガポール	○	◎	○	リアル都市とセンサーデータのサイバー都市がリアルタイムに連動する未来都市が始まっている

きな2つの変更点があります。一つ目は測位衛星信号を屋内に再配信することで高精度時刻同期の機能を追加したこと、そして2つ目がGPSをはじめとする衛星測位の集中するL1周波数を避けてL1帯PRN番号を必要としないで位置情報の配信ができるようになったことです。これにより、屋内でのPとNとTのすべての活用が可能になります。測位衛星信号の屋内への再配信には、テレビアンテナ用に既設の同軸ケーブルが利用できるため専用線は必要とせず、末端のiPNT送信機からやはり微弱電波で10m程度の範囲に放送します。このためネットワーク機器の設置を必要とするPTPと同レベルの高精度を保つことができ、小規模なセンサーノードでもマイクロ秒未満の高精度時刻同期を実現できます。さらにこれまで使用が日本に限定されていたIMESと違い、周波数を移したために世界展開も見込めます。IoT/AIの進展とともに今後のiPNTの動向を見ていきたいと思います。

POINT

- **高精度時刻同期はIoT/AIのSociety 5.0を支える基盤技術**
- **IMESはiPNTとして高精度時刻同期の機能を屋内で実現**

41 UWBの活用

最も高精度ですがすこしお高め

UWB（Ultra Wide Band）は500 MHzから数GHzという広い周波数の帯域を利用して、ノイズ程度の電波を拡散させて高速通信ができる近距離での無線通信方式の一つです。もともとは米軍の通信技術として開発されましたが、2002年から一般での利用が許可されています。この通信方式を利用して高精度の屋内測位システムが実現されています。日本では2014年1月の電波法の規制緩和によって、屋内に限り利用可能になっています。

例えば、最初にUWB屋内測位方式を商用化したUbisenseのシステムでは、30～40 m間隔で最低2機のセンサーを設置して、測位したい対象に取り付けたUWBタグから毎秒最大40回送信される8.5～9.5 GHzの電波を用い、測位誤差15 cm程度の三次元位置推定をリアルタイムに実現しています。電波の入射角を分析する方式（Angle of Arrival：AoA）と到達時間差（Time Difference of Arrival：TDoA）を併用する方式ですので、少ないセンサーで三次元測位が可能になるところが魅力です。センサーが設置された環境側から環境内の対象を測位するいわゆる動態管理システム方式であるので、センサー間およびすべてのタグとの連携のためにネットワークに接続しておく必要があります。センサーの中にはマスターが1機あり、そこから2.4 GHz帯無線ですべてのUWBタグへのUWBパルスの送信要求が送られています。

UWB測位システムはセンサーの環境への設置にノウハウが必要です。最適な測位環境ではUWB波の直接波のみが受信できるのが理想であるために、反射波をできるだけ低減するような設置が望まれます。設置面積にもよりますが、展示会のブースの設営などでは前日の作業が必要という程度です。また、筆者のこれまでの経験では、センサーの設置数は最低条件の2倍

UWB測位の例

程度を用いた展示を見かけます。センサー自体も安価なものではないので、特定の環境を高精度で測位可能にするためのシステムであるといえます。特定の環境を高精度で測位可能にするシステムというと最初に紹介した超音波を用いたActive Batを想起すると思いますが、まさにActive BatをCambridge大学で研究していた学生が立ち上げた会社がUbisenseです。UbisenseのWebサイトにある採用例では、BMWの最終組み立てラインで、車体と無線電動工具にUWBタグをつけて複数の車種の組み立ての効率化をはかることに成功しているとのことです。その他にもAirbus、Aston Martin、ホンダなど組み立て工場での採用が多いようです。

測位対象に取り付けるUWBタグの方でもやはり直接波を送信し続ける必要があるために、環境側から見える位置に取り付ける必要があります。人につける場合にはヘルメットを着用してその頂上にタグを設置する例がよく見られます。特に工場内での活用例が多く報告されていますから、それがネックになることはなさそうですが、気軽に利用できるものでもなさそうです。

POINT

- UWBはタグづけした対象を環境側から高精度三次元リアルタイム測位
- 特定の場所で高精度三次元測位を可能にする、やや高価なシステム

COLUMN

手法ごとの利害得失は？

屋内測位には多様な技術が存在しますが、それらはいくつかの観点から分類できます。例えば電力消費、プッシュ型サービスの可否、インフラ依存性、維持管理の負荷などです。例えば気圧計、加速度センサー、ジャイロスコープなどはどれもMEMS技術による電力消費の少ないセンサーですが、センサー値からの処理の重さでいえば、気圧計などは軽いが加速度センサーのステップ検知はそれより重い処理といえます。カメラ画像の処理はデータ量、処理量ともに重い処理で、特別なハードウェアがなければ、ユーザが意図してオンにするようなものになるでしょう。カメラはもちろん可視光通信などセンサーを外界に露出させないと使えないものはユーザの意思で使い始めるようなサービスには向いていますが、ポケットや鞄の中にあっても条件が合致するとプッシュ型でサービスが始まるようなものには向いていません。BLEやWi-Fiはオンにしていればポケットの中でも稼動します。その他にも、いったん対象施設での環境調査ができれば、特にインフラの初期整備を必要としない地磁気測位などは導入コストの軽いものであるといえ、Wi-Fiはそもそも通信インフラとして導入がなされていれば、同様に初期インフラ整備が不要という利点が大きくなります。

第6章

ハイブリッドとシームレス

42 ハイブリッド測位とシームレス測位

どちらの測位結果を信じますか？

屋内測位の決定版は何ですかという質問に一つの手法を言いきるとすると、それはずるい回答ですが「ハイブリッド測位」しかないでしょう。PDR測位では絶対位置の情報が得られませんし、Wi-Fi測位ではWi-Fi基地局のない場所では歯が立ちません。単一の測位手法でオールマイティなものがないことはこれまでの章で明らかです。複数の測位手法を統合・連携して測位結果を得るハイブリッド測位が現実では採用されています。

一方でシームレス測位という言葉もあります。これは手法の名称ではなくて、測位があらゆる環境でも実現するという目的を表す名称です。シームレス測位を実現するためにはハイブリッド測位をするのが自然な流れです。ある環境ではA測位が適していて、別の環境ではB測位が適している場合に両者を適切に切り替えながら測位しつづけることが望まれます。シームレス測位といった場合、そのスムーズな切り替えの技術にフォーカスがあたるといえるでしょう。

ハイブリッド測位では複数の測位手法を併用するのですが、それを常に並行利用する場合と排他的に利用する場合に分けることができます。後者は切り替えが必至で、後者を特にシームレス測位ということもありますが、両者の区別はそれほど厳密ではありません。測位手法の切り替えの技術自体も簡単なものではなく、両者の結果を見比べながら適切に切り替える処理が行なわれるのが普通だからです。

ハイブリッド測位では複数の測位手法の切り替えのための技術として、それぞれの手法の測位精度を推定する技術、複数の推定測位結果を融合する技術があります。前者の測位精度の典型例としては衛星測位のAccuracyを利用する方法です。衛星測位のAccuracyは受信機が自律的に衛星数、衛星位

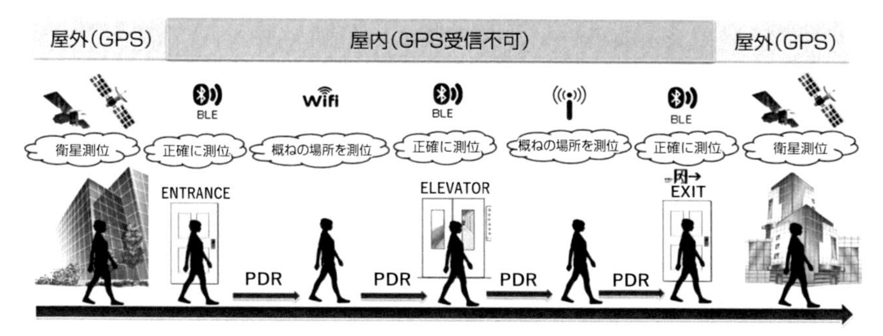

出典：平成30年2月「屋内測位のためのBLEビーコン設置に関するガイドライン Ver.1.0」国土地理院

複数の測位技術の組合せ

置、衛星信号のS/N比などを用いてm単位で推定誤差を出力するもので、利用が簡便である一方、絶対的な信頼性があるわけではありません。建物に入ってもAccuracyが悪化せずに、エレベータに乗り込んでようやく悪化することもあり、Accuracyだけで対応するのは簡単ではありません。Wi-Fi測位もAccuracyを算出しようという試みもありますので、両者のAccuracyを常時比較するのが適切です。Wi-Fi測位のAccuracyは、観測されるWi-Fi電波情報から適切な電波強度地図を選択することができたとして、そこで観測されている地図に記載されたBSSIDの数、各電波強度の平均や分散などからおおよその測位精度は推定することができます。電波強度は平均が大きいほど、また分散も大きいほどよい精度が期待でき、どちらも低ければ既知の基地局のどれからも遠方に位置していることになり精度はあまり期待できません。

本章では以降、後者の複数の測位結果を融合する技術について実例をあげながら説明していきます。

POINT

- ハイブリッド測位はシームレス測位を目的とした唯一の手法
- 複数の測位手法を切り替えるにはそれぞれの推定精度を評価するAccuracyの指標を出せることが重要

43 パーティクルフィルタに移動モデルを導入する

無駄なパーティクルはまかないに限ります

複数の測位結果を融合する技術は多岐にわたります。ここではWi-Fi測位の仕組みで説明したパーティクルフィルタを用いる手法について説明します。パーティクルフィルタではパーティクルと呼ばれる仮説をサンプリングする、それぞれの仮説の尤度計算をする、得られた尤度にもとづいてリサンプリングするといった手順を繰返しつつ、都度での各仮説（パーティクル）の尤度を重みとして位置推定を実施し出力します。繰返し得られるパーティクルの位置を、尤度を重みとして重心を測位結果とするのが通常です。この手順の各段階でハイブリッド手法を導入することができます。ここではパーティクルのサンプリング/リサンプリング、尤度計算に分けて説明します。

まずWi-Fi測位をベースにしたパーティクルフィルタ手法において、別の測位手法としてPDRを実施してその推定結果を反映する移動モデルを導入する例を説明します。測位計算時での各パーティクルは「いまここにいる」という仮説を表しますので、最初のサンプリングでは現在位置である可能性のある場所には均一に全域に配置します。通常は観測されるWi-Fi基地局の（推定）設置位置周辺にやや広域にばらまきます。その後のパーティクルのリサンプリングは基本的に尤度計算にもとづいて尤度が高いあたりに多くのパーティクルを配置します。ここで最新のPDR測位結果を反映して移動モデルを導入します。移動モデルではPDRの最新の測位結果にもとづいてパーティクルを配置する範囲を移動させます。Wi-Fi測位はWi-Fiスキャンの間隔、すなわち2秒から4秒程度の周期で推定を繰返しますが、その周期間でPDRの軌跡が進んだベクトル分だけパーティクルのリサンプリングする中心を移動させます。この移動モデルの導入によって自動的にリサンプリングされるパーティクルがPDRの進行方向にオフセットされていきます。

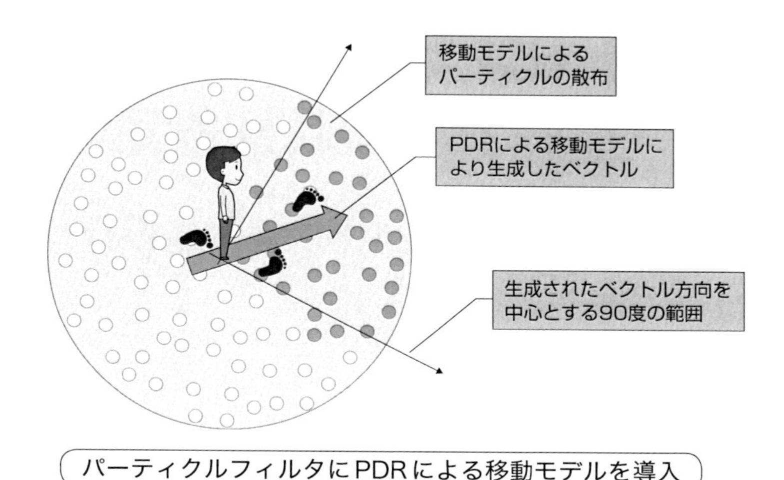

パーティクルフィルタにPDRによる移動モデルを導入

PDRによって歩行が停止していることがわかれば、定点でのWi-Fi電波観測値の統計的処理を適用して尤度計算をすることも可能です。

尤度計算でハイブリッド手法を導入することも可能です。先のWi-Fi測位をベースとしたパーティクルフィルタ手法にPDR測位を融合する例では、最新のPDR測位結果が示す範囲にのみパーティクルのリサンプリングの範囲を限定することが可能です。例えば前回の測位結果を現在位置として、そこを中心にした一定半径の円内にリサンプリングするところを、PDRの最新の移動方向の範囲外は尤度をゼロにしてパーティクルを配置しないようにします。例えばユーザが振り返りもしていないことがPDRによって明確であるにもかかわらず、それまでのユーザの進行方向の背面にパーティクルをまくのは不経済です。しかし、Wi-Fi測位の尤度計算のみに頼るとそれを防げません。進行方向の誤差もありますので、推定方向の左右90度まで範囲を広げれば最も安全でしょう。

POINT

- パーティクルフィルタ手法はハイブリッド測位に便利に使える
- パーティクルのサンプリング/リサンプリング時と尤度計算時に他の測位結果を融合

44 ケーススタディ：PDR測位の初期設定

PDR測位は必ずハイブリッドしなければなりません

PDR測位は初期位置からの移動を相対的に認識するのみなので、絶対的な初期位置と初期進行方向については他の測位手法とのハイブリッドが必須です。初期位置の取得はWi-Fi測位、BLE測位を利用する方法と、衛星測位が可能なエリアから衛星測位とPDR測位を併用する方法、入館にセキュリティロック解除がある場合にその解除信号を利用する方法などがあります。

これらの中で衛星測位とPDR測位の常時ハイブリッド手法はシームレス測位の基本だといえます。衛星測位はスマートフォンでは1秒周期で測位結果が得られますが、バッテリ消耗が激しいので周期を長くするためにもPDR測位の併用は有用です。ただし1分を越えないとチップがスリープせず電力消費に変化がないものも多いので注意が必要です。屋内でも屋外でもPDR測位をメインとして、屋外では衛星測位を、屋内ではWi-Fi測位をその補正に利用するのがシームレス測位への近道です。PDR測位での初期位置推定は誤差のもとなので、その頻度は少ない方が有利だといえるでしょう。

入室のセキュリティロック解除は最近では磁気カードからFeliCaなどのRFID、BLEを用いたものなどが利用されるようになってきました。鉄道の改札も同様のケースだと考えられます。現状では鉄道の改札通過をユーザが直接に得るAPIはありませんが、今後、セキュリティの整った施設のロックシステムはAPI化されていくでしょう。特定の場所を特定の時刻に通過した情報が得られるので、時刻同期さえ整っていればそれをPDRの初期値として利用可能です。またこの手のセキュリティロックや改札では進行方向も強制される場合が多いので一石二鳥でしょう。

PDR測位の初期進行方向を得るのは、衛星測位から継続してPDR測位を利用する場合、地磁気センサーの出力が信頼できる場合を除くとなかなか困

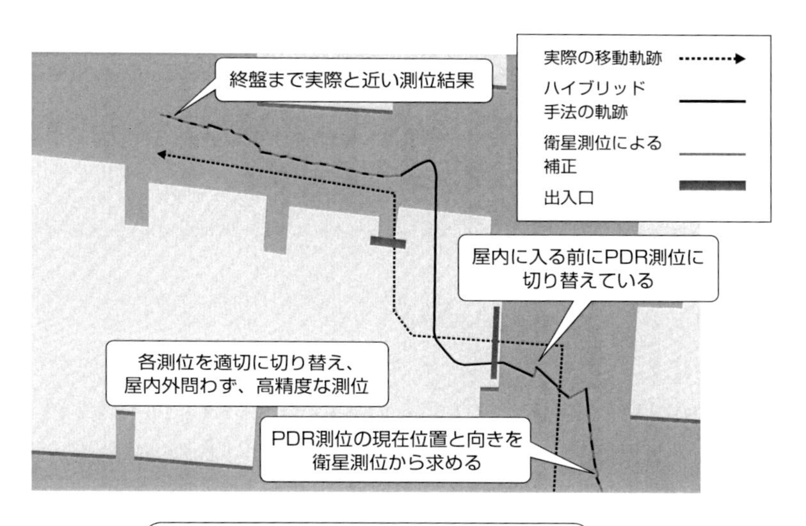

衛星測位とPDR測位のハイブリッド

難です。Wi-Fi測位結果を複数用いて推定するのも、そもそもの測位精度から考えると厳しいものがあります。比較的簡易で実用的な手法は、初期位置近傍の歩行空間ネットワークの最も近いリンクへのマッチングです（p.104）。初期位置が通路状の環境である場合には特に有効です。リンクは2方向ありますが、その程度の推定であれば地磁気センサーが利用できることもあります。それ以外ではWi-Fi電波の強弱が利用でき、観測される複数のBSSIDの基地局の設置位置の関係から、どれが減衰しどれが増強するかで決定できます。観測されるBSSIDの中で最も電波強度の強いものの入れ代りに注目するのも有効です。これらWi-Fi基地局の個々の電波強度に注目する方法は歩行空間ネットワークのない場所でも適用可能な実用的な方法です。

POINT

- PDR測位の初期位置は電波測位（Wi-Fi測位、BLE測位）か衛星測位から
- PDRをメインに屋内ではWi-Fi、屋外では衛星がシームレス測位の基本
- PDR測位の初期進行方向は、地磁気センサーかWi-Fi基地局の電波強度の変化に注目

45 ケーススタディ：気圧とWi-Fi測位

階層と気圧の基準値をうまく使う

階層推定のところで気圧センサーは「飛び道具」だといいましたが気圧の安定を認識する、つまり階層移動の終了を認識するには数秒遅延がありました。また、気圧のみから絶対的な階層を認識する手法は、空調が完備された建築物においては困難であるため、相対的な気圧差を用いる手法が現実的ですが、それでもやはり初期階層を絶対的に認識する必要があり、一度の誤認識がその後にずっと影響を与えてしまいます。気圧による誤認識は階段の踊り場での長期滞在などがあると起きやすくなります。一方、階層推定にはWi-Fi測位で各階層での基地局を正確に登録しておけば問題ないようにも思いますが、やはり吹き抜けや階段では複数の階層のWi-Fi電波が観測されてしまってうまくいきません。このような問題も両者のハイブリッド手法を適用することによって改善することが可能です。

階層推定の基本はやはり気圧センサーを信じることです。ただし、気圧安定の認識遅延と階層誤認識の回避・キャンセルの対策が必要です。このために滞在階層とその階層での基準気圧を維持管理するのが有効です。気圧安定の判定をせず、気圧センサー出力値の基準気圧からの差分のみに注目することで高速に階層移動の推定を出力することが可能となります。問題はこの滞在階層とそこでの基準気圧をどのように維持管理するかです。

まず滞在階層の初期化にはWi-Fi測位を使わざるをえません。ただし、吹き抜けや階段にいくと突然にそれまでと違う階層にいると推定結果を返されることがあります。そのような場合のために気圧センサーの監視を併用します。気圧の変動を伴わないで、一定程度の強い基地局電波の観測ができるまで滞在階層の初期化を遅延します。滞在階層が初期化できたら、そこでの基準気圧を気圧センサーから設定します。筆者らの経験では、20秒間の気圧

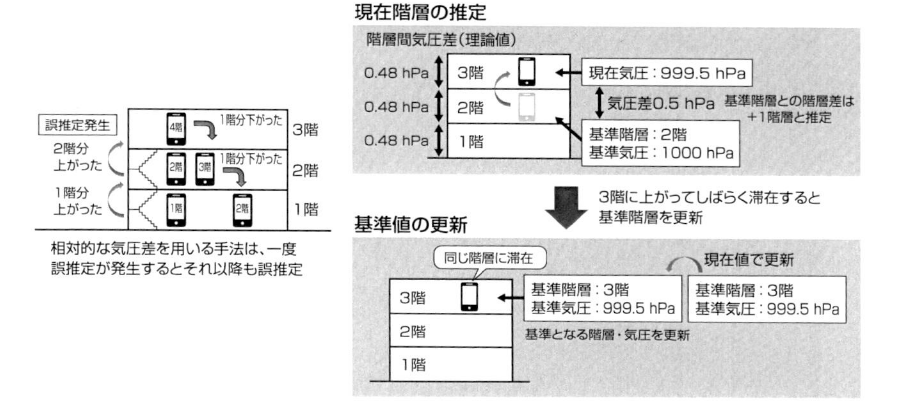

基準気圧を用いた階層の推定

変化が0.1 hPa未満のときに滞在と判定できています。

両者が初期化できた後は、基本的に気圧センサーに頼って滞在階層の更新をします。つまり20秒間で気圧変化が0.1 hPa以上の場合に更新します。ただ、それでも累積誤差等で滞在階層を誤認識することがないとはいえません。そこで、Wi-Fi基地局の電波監視をすることで滞在階層の誤認識を検出します。このためには、かなり強い電波強度の観測を契機とすることを条件とします。

このように滞在階層とそこでの基準気圧の維持管理を多少の遅延を許して実施することにより、階層移動認識の遅延の低減と累積誤差の回避が可能になります。このハイブリッド階層判定手法では階層移動の最中に離散的に階層が判定されるので、認識遅延はほぼ発生しません。唯一の欠点は初期化に失敗すると取り返しがつかないこと、もしくはその回避のために初期化に時間がかかることくらいでしょうか。これもまた、屋外の衛星測位からのハイブリッド手法を併用するのが有効です。

POINT

- 滞在階層を常にWi-Fi測位でチェックすることで累積誤差を回避
- 基準気圧との差分で高速に階層判定

46 ケーススタディ：測位方式の切り替え手法

不安になったり不明になったり、バックワードかキャンセルか？

屋内測位では現在の推定値に関してどの程度の確信度があるのかは常に変化しています。IBM東京基礎研究所での成果では、図のような状態遷移を管理してその状態ごとにすべき処理を制御しています。この研究では視覚障害者向けの屋内ナビゲーションサービスをiPhoneで実現しています。IBMということでWatsonが利用されていたり、音声認識/合成が利用されていたりもしますが、本書でのフォーカスは屋内測位にしぼって説明します。屋内測位手法はiOSであるためにWi-Fi測位は利用できません。BLE測位と気圧、地磁気を加えたPDR測位と衛星測位をハイブリッドしたものを実装しています。もちろん、後述のマップマッチングも利用しています。これらの成果はオープンソース化されていますので、興味のある読者は是非ご覧ください。

2017年、彼らは日本橋コレドで大規模な実証実験を実施しており、そのときの研究成果が現実的で非常に参考になります。実証フィールドとなった日本橋コレドは地下階層を含む多階層の建築で、エレベータ、エスカレータ、階段と多数の店舗、狭い通路を含む複雑な環境です。実験室では経験しないさまざまな状況に適切に対処できるように、図にあるような状態遷移図にのっとって測位システムを動作させています。

Unknown（位置不明）、Locating（測位中）、Tracking（位置把握）、Unreliable（位置不確実）の4つの状態を遷移します。もちろん、Unknownが初期状態で、Locatingに遷移してタイムアウトつきの測位計算を実施し、タイムアウトするとUnknownに戻り、測位結果がでるとTrackingに遷移します。ここまでは普通ですが、ここから測位計算を継続するとともに測位結果の評価を実施します。測位結果の評価が良好であれば、そのまま

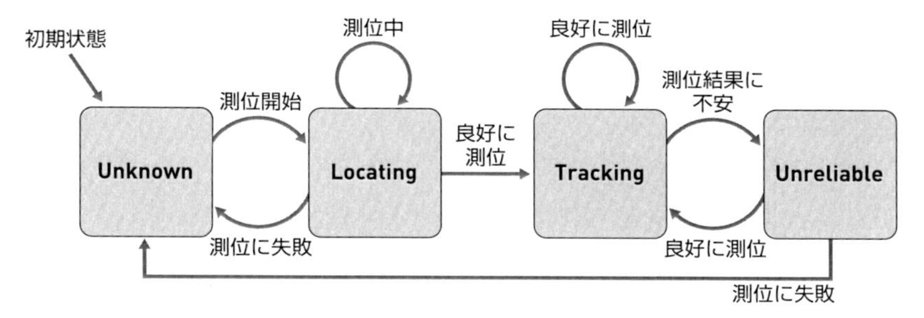

参考：M. Murata et.al.: "Smartphone-based Indoor Localization for Blind Navigation across Building Complexes", 2018 IEEE International Conference on Pervasive Computing and Communications

測位システムの状態遷移図

Tracking状態ですが、どのパーティクルの尤度も低くなってしまったり、状況の矛盾を発見するとUnreliableに遷移します。尤度が向上してくればTrackingに戻りますが、それもタイムアウトするとUnknownで振り出しに戻ることになります。

それぞれの状態では異なった測位手法を適切にハイブリッドして計算していますが、Unreliableになったときにはどの仮説も尤度が上がらないために何とかしなければなりません。この対処のポリシーが2つに分かれると考えられます。一つには彼らの状態遷移図のように過去の履歴をキャンセルして振り出しに戻ってグローバルな解を初期状態から探す方法です。もう一つ考えられるのは、Unreliableになってしまった原因を過去の履歴から考えることです。過去にエスカレータに乗車した判断が間違っていたなど、その契機はおそらく数え上げられるはずです。彼らが用いているパーティクルフィルタではパーティクルをより広い範囲でリサンプリングし直すという手段が近いかもしれませんが、折角過去の手掛りがあるのであればその分岐点に戻ってやり直すのも効率の良い手法でしょう。

POINT

- 測位手法の切り替えは状態遷移図で管理できる
- 過去をキャンセルするかトレースバックするかはポリシー次第

47 マップマッチング1

もちろん壁は通り抜けられません

カーナビゲーションでは自動車の現在位置を必ず道路上に乗せるという制約が用いられています。これがマップマッチングです。この制約を屋内測位で屋内施設地図と照し合せて滞在可能な場所で歩行可能な軌跡にする制約を与える調整を施すのが、屋内測位でのマップマッチングです。マップマッチングはそれ自体が一つの測位手法とは呼べませんが、他の測位手法の結果に対し、もしくは測位手法の過程で制約を与えるということでハイブリッド手法の一つととらえることができます。

屋内施設内でのマップマッチングは大別して2つの手法があります。一つは歩行空間ネットワークを用いる手法です。もう一つは施設の壁や部屋割りを用いる手法です。前者は後述する歩行空間ネットワークのみを用いるために比較的簡易であり、得られる測位結果もやや分解能が下がります。後者は施設の建築構造を多用するために、単純なものから、PDR測位で得られた歩行軌跡を可能な限り残す手法までありまます

歩行空間ネットワークは歩行者が歩行可能なエリアを、ノードと、ノード間を結ぶリンクのネットワーク構造で表現したものです。通常、ノードには絶対位置を緯度経度と階層で与えます。リンクにはその属性情報として距離、幅員、勾配、段差などを与えます。単純なマップマッチングでは測位して得られた位置からその最も近傍のリンクに垂線を下してその交点を現在位置とします。ユーザの位置は必ずネットワークのリンク上に配置されますので「スケルトンマッチ」と呼ぶことがあります。ノードは交差点を表すことが多いのですが、ノード近辺では複数のリンクとマッチしてしまうことがあります。この場合、直近の過去までマッチしていたリンクがどれかを保持しておき、それを選択するのが尤もらしくなります。

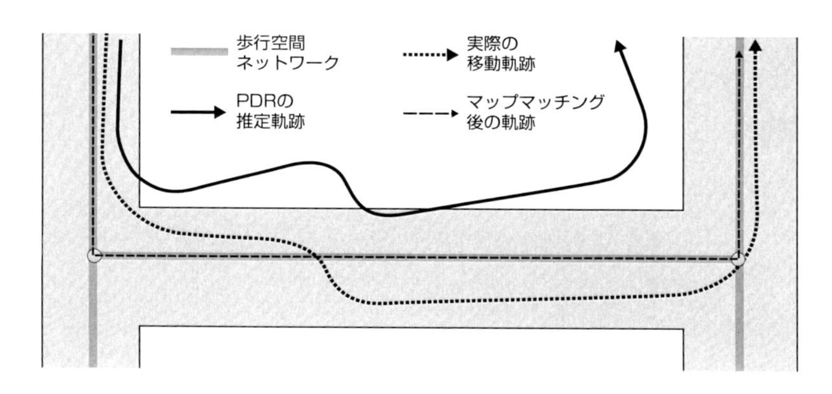

歩行空間ネットワークと軌跡

施設の建築構造を利用するマップマッチングでは壁を通り抜けられなくするという制約のみを用いて、リンク上に配置するという制約を必ずしも適用しません。この手法ではどの測位手法にマッチング制約を与えるかでバリエーションがありますが、Wi-Fi測位で壁の向うに測位されてしまった場合には、過去の直近の測位位置との関係から壁の手前に調整するのが簡便でしょう。Wi-Fi測位でパーティクルフィルタ手法を適用する場合には、そもそも壁の向うにはパーティクルをリサンプリングしないようにも適用できます。階層判定のところでも述べましたが、階層移動が可能な場所は限られていますので、階層移動を検知したときにどのような方法での移動かを推定して、該当する施設の位置にマップマッチするのが通例です。部屋への入退室の判定もドアの位置が使えます。PDR測位と併用している場合には歩行軌跡を維持管理することによってもう少し高度なマッチング手法が提案されています。

POINT

- **歩行空間ネットワークを用いたマップマッチングでは最近傍のリンクに垂線を下してその交点を現在位置とする**
- **マップマッチングには壁や部屋割りのような施設構造を利用して測位結果に制約を与える手法もある**

48 マップマッチング2

歩行軌跡の調整は伸び縮みと曲げ延ばし

PDR測位で生成する歩行軌跡は高度な情報を保持しています。A地点からB地点への移動でも、どこのショーウィンドウ寄りに歩いたか、どの辺りで立ち止まったかなども含まれていて、もしマップマッチングでそれがすべてスケルトンマッチされてしまったら、もったいないと思いませんか。施設の建築構造情報を活用して、その存在可能なエリアに歩行軌跡を嵌め込む作業ができたらそれもマップマッチングでしょう。ただ、歩行軌跡がそもそもそのエリアに嵌め込めなくて突き抜けてしまったためにマップマッチングが起動されたともいえます。歩行軌跡に何らかの調整が必要になります。

PDR測位によって生成される歩行軌跡にはもちろん誤差が入ります。それが蓄積され累積誤差となり、初期設定以外ではPDR測位の最大の欠点といわれます。初期設定が完璧でも生じるPDR測位の誤差の原因を考えてみましょう。それは歩数の数え間違い、歩幅の微妙な変化の認識が十分ではない、方向変化の角度に誤差がある、もしくは細かな方向変化を切り捨ててしまっている、などでしょう。歩行軌跡を直進と曲進のパーツに分解して考えると、直進の距離の誤差と曲進の角度の誤差に大別できます。つまり、建築構造にもとづいて歩行軌跡を調整するのであれば、直進パーツの距離を増減させる、曲進パーツの角度を増減させることで対応できそうです。

ある初期位置と初期進行方向設定は正しくて、そこから始めたPDR測位が生成する歩行軌跡が建築物の壁に接触した場合、それまでの直進パーツの距離を10％増減、曲進パーツの角度を10％増減させたときに建築制約を満たすそれぞれのパラメータを探索します。この探索は単純に実施するのであれば総当たりでもそれほど計算量が爆発するわけではありません。やや複雑になりますが、個々の地点での他の手法での測位結果を反映させた方法で、

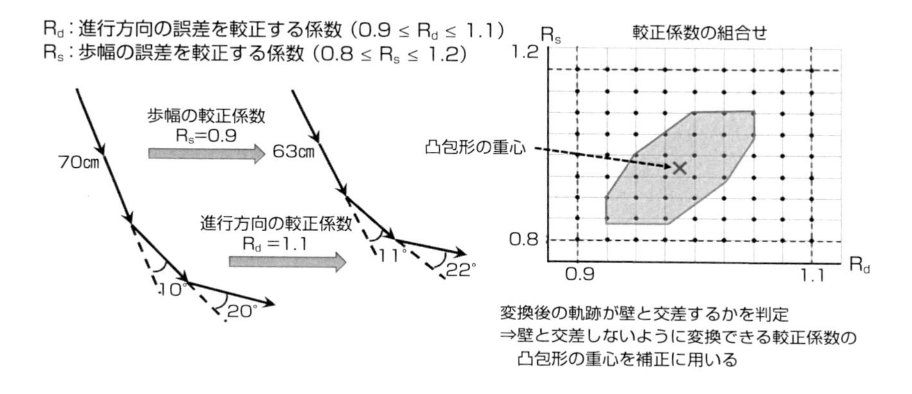

較正係数を用いた軌跡補正

場合の数をカットすることも可能です。

この歩行軌跡の修正手法では、多くの場合でスケルトンマッチよりも高度な軌跡情報を保持した上で同等以上の測位性能を示しますが、苦手なところもあります。ユーザが通路の中央付近を常に歩いている場合にはスケルトンマッチは有効な手法です。また、歩行軌跡が壁に衝突しない限りは調整をしないので、それが起きなければ累積誤差が増加することもあります。特に広場を通り抜けるなど壁制約が効きにくい施設ではそれが顕著です。その対策としては、調整のトリガーを、ハイブリッドに他の測位手法結果との比較によって頻繁に起こすなどの改善ができるでしょう。広場が少なくて通路が多いと今度は交差点の数が増えて、測位の分解能の限界を越えてしまうことも考慮する必要がでてきます。また、多くの商業施設は通路の両脇に店舗が並びます。通路の壁は必ず反射するように制約すると入店できなくなるという落とし穴にも気をつけなければなりません。

POINT

- PDR測位の歩行軌跡の調整は、直進パーツの伸び縮みと曲進パーツの角度の増減で可能
- 歩行軌跡情報を保持して、距離と角度の調整で軌跡を調整

COLUMN

入店の判定

屋内測位の精度を上げやすいフィールドは狭い通路状でマップマッチングがしやすく、天井が低くて電波強度環境に差が生じやすく、混雑していなくてPDRがしやすいなどの条件があるでしょう。地下街などはちょうどそれに相当する場合があります。とはいえ、これはユーザが移動を目的として歩行しているときの話です。一般的なユーザの目的は通路移動だけでなく、そこでの買い物や飲食を伴うこともあるでしょう。この場合には、マップマッチングが通路で反射するようになっていると店舗に入れません。電波環境も店舗内までは強度地図が整備されていない場合が多いでしょう。混雑していれば自分のペースで歩行できませんし、行列店で列に並んだ場合の認識も難しいですし、店舗内での歩行も特有です。

ユーザにとってのナビゲーションは店舗の前まで行ければ終りかもしれませんが、店側にとっては店舗に入店したかどうか、店舗内をどのように回ったのかに大きな興味があります。PDRやWi-Fi測位でそこまで探求した研究はまだほとんどありません。その一部のみを垣間見ることができるのがビーコンによるホットスポット監視でしょう。店舗入店や店舗内行動認識などの技術が今後ホットになると思われます。

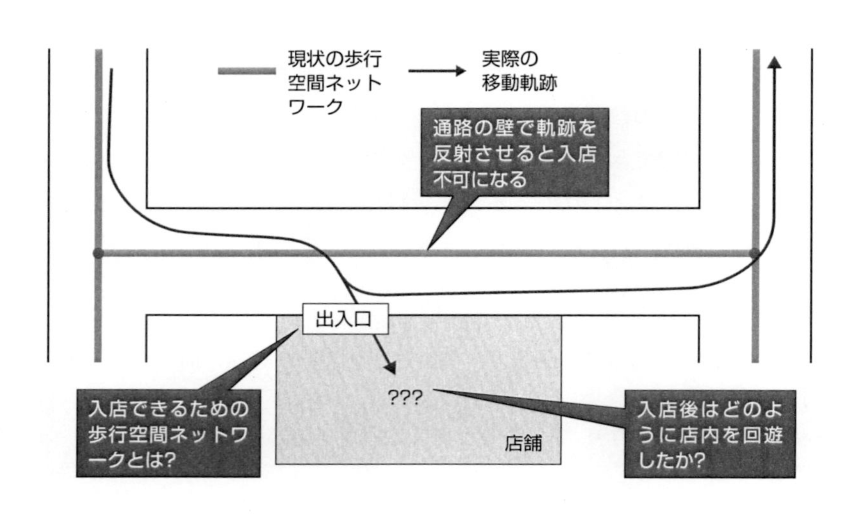

第7章

屋内地図と歩行空間ネットワーク

49 屋内地図の必要性

地図がなければサービスができません

屋内地図はその施設に出かけないとあまり見かけません。それが私有地であるからです。道路は公共施設でありそれを地図化してオープンにするのと、屋内空間では事情が異なります。とはいえ、商業施設は一般の人が行き来する半公共空間といえるものです。駅などの鉄道施設やそれに付属する施設も半公共空間であり、詳細な地図情報は多くの人が望むものでしょう。

最近では地図・測量事業者や、地図サービスをネット上で展開する事業者も屋内地図の制作に力を入れています。Google Maps、Yahoo!地図、Apple Maps等でも屋内の施設の状況が表示されるようになってきています。とはいえ、ナビゲーションや測位機能まで踏み込めているところはごく限定的です。特に屋内施設の場合は、地図作成者がそれぞれの施設管理者との間で何らかの契約の上で調査、作図、公開と進めていく必要があるため多大なコストがかかります。さらに公開される屋内空間には数多くの店舗が入っていて、その入れ替わりも目まぐるしく、更新作業にも負担がかかります。施設が私有地であるということを反映して、すべてのエリアの詳細が公開されることはありません。商業施設にはバックヤードがありますし、鉄道施設にも一般には立ち入ることができない箇所があります。改札内は特別なエリアとして取り扱われて非公開とされることもよくあります。施設管理者と地図作成者との間でのこれらのセキュアなやり取りも神経を使うところです。

近年では屋内施設のための地図形式の仕様がいくつかでてきました。2018年3月には国土交通省総合技術開発プロジェクト「3次元地理空間情報を活用した安全・安心・快適な社会実現のための技術開発」という事業の成果として国土地理院が「階層別屋内地理空間情報データ仕様書（案)」をだしています。基本方針としてはCIM、BIM、三次元CADデータ等の三次元モデ

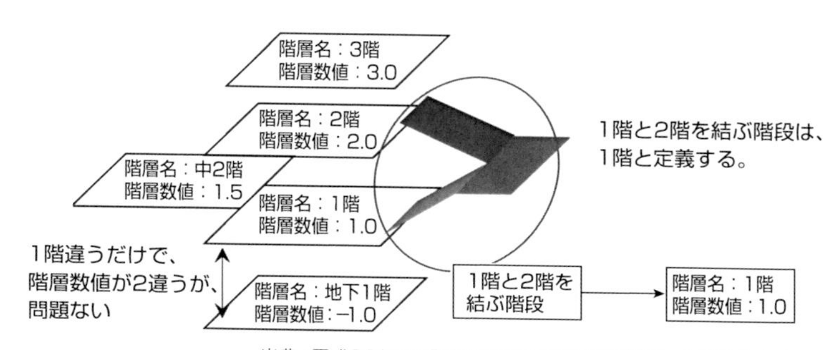

出典：平成28年3月「階層別屋内地理空間情報データ仕様書（案）」国土地理院

「階層名」と「階層数」

ル、平面図等の二次元モデルにもとづいて点、線、面といった二次元表現でGISで管理可能にするため、shapeファイル形式を基本としています。また標準的なデータ交換フォーマットとしてIFC（Industory Foundation Classes: ISO16739）を通して、今後建築物の施設管理等で普及が見込まれる「BIMデータ」との連携も考慮した仕様書の検討も行なわれています。特に階層については施設管理者が定義する名称としての「階層名」とシステム利用のための数値的な表現としての「階層数」に分けて属性とする考え方をとっています。地図データは、地物データ、POIデータ、歩行空間ネットワークデータ、アンカーポイントデータ、パブリックタグデータの5つから構成されます。

2017年11月に国土交通省はこの仕様にのっとって、新宿駅周辺の高精度な屋内地図を初めてオープンデータとしてG空間情報センターから公開しています。店舗などのPOI情報は含めていないので、白地図といったものではありますが、オープンデータとしてこのようなものが流通するようになると、第三者もこれを活用した位置情報サービスのアプリケーション構築が可能になるということで、第一歩として大いに評価すべき流れといえるでしょう。

POINT

- 屋内空間は公共空間のように見えても私有地であり、地図制作にはさまざまなコストがかかる
- 政府による階層別屋内地理空間情報のデータ仕様が最近になってでてきた

50 屋内地図とGeoJSON

JSONは可読性もあって単純なだけに使い勝手がいい

民間が策定している屋内地図の形式の例としてはAppleのAVF（Apple Venue Format）があります。もともとこのAVFはオープンにされていなかったように思います。2018年夏になってAppleはIndoor Mapping Data Format（以下、IMDF）という仕様の1.0.0.betaを公開しましたが、これがAVFを改名したものではないでしょうか。

GISで用いられるデータ仕様として、ArcGISやGoogle Maps/Earthでも利用しているKML、GeoJSONなどがあります。中でもGeoJSONはIETF（Internet Engineering Task Force）のRFC 7946に規定されています。AppleのIMDFはRFC 7946を満たし、その互換性とデータの流用性を保証すると明確にうたっています。IMDFはGeoJSONなのです。これによってIMDFは、ArcGISやKMLとも相互に変換することができています。

GeoJSONがベースとしているJSONは、JavaScript Object Notationの略称で、軽量なデータ記述言語の一つとしてオブジェクトの表記法を用いています。JSON自体はテキスト形式なので、あらゆるソフトウェアやプログラミング言語間でデータの受け渡しに使うことができます。JSONでは「オブジェクト」を中括弧（{}）で囲って表記します。オブジェクトの中身は、「キー」と「値」をコロン（:）で結んだ「メンバー」をカンマでつなげて並べたものです。キーはダブルクォーテーションで囲んだ文字列で、値は数字や文字列の他に大括弧（[ ]）で囲った配列やオブジェクトも配置できます。これがテキストベースで記述されますので、人間にも可読性があり、さまざまなプログラミング言語で対応モジュールが整備されています。

GeoJSONはJSONのキーと値のメンバーを地理空間情報の要素で規定して、GISで利活用できるようにしたものです。GeoJSONは、ジオメトリ（形

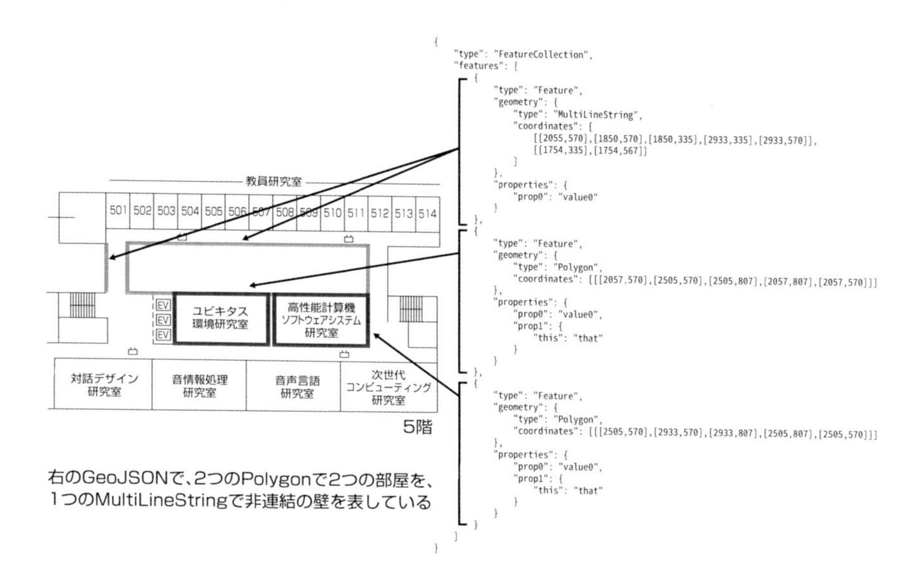

GeoJSONの記載例

状)、フィーチャー（地物)、フィーチャーコレクション（地物の集合）といった3つのオブジェクトで構成します。ジオメトリオブジェクトは点、点の配列、点の多次元配列などで点、位置や直線、面、多角形などが表現できます。それぞれに三次元のコーディネイト（座標）がメンバー（属性）としてついていて、座標系には世界座標系WGS84を採用しています。フィーチャーオブジェクトはメンバーにジオメトリオブジェクトを内包して、それに属性を追加することによってさまざまな地物を表現しています。GeoJSONで表されたジオメトリオブジェクトを描画するだけで地図が書けてしまいます。AppleのIMDFではGeoJSONに、さらに階層的な構造を与え、具体的な地物、POIなどの表現を追加し、実用性を向上させています。

POINT

- GISの空間データ表現ではGeoJSONが単純で表現力があり、データの互換性や流用性に優れる
- AppleのIMDFはGeoJSONをベースにした仕様を公開したもの

屋内地図と屋外地図を結びつける

共通の地物が見つかればラッキー

屋内地図と屋外地図の大きな違いの一つは座標系でしょう。屋外の地図の座標系は緯度経度です。一方、屋内の地図は施設の地図であるためその建設時のCAD図面などがベースであり、寸法を知るための図面なので敷地の境界等は地物で示され、緯度経度が書きこまれていることはまずありません。

屋内外シームレス測位環境を構築するには、複数の地図情報を同時に利用してナビゲーションするため、ルート生成処理等で両者の任意の位置を緯度経度で特定できることが望ましく、そのための技法が提案されています。ここでは国土地理院が2018年にだした「屋内測位のためのBLEビーコン設置に関するガイドライン」に掲出されている3つの手法について説明します。

データとして必要なのは屋内の1/500以上の精度の高い地図、国土地理院地図、GISツールです。2つ目の手法では他に衛星測位機器、3つ目の手法では二次資料として民間調整図面や航空写真などを用います。まず屋内、屋外の各地図から標定点と呼ばれるアンカーポイントを4つ以上選出します。標定点は両方の地図に記載されているべき参照点でこれらを可能な限りGISツール上で一致させることにより、施設を正しく地理院地図上に配置します。

第1の手法では、屋外の地図として地理院地図、屋内は施設管理図を用いて両者に存在する道路や建物などの地物の特徴点を標定点として抽出します。このとき4点以上を選びますが、できるだけ地図上に4点が散らばっていることが望まれます。これらの標定点がずれないように両方の地図をGISツールを用いて重畳表示します。このとき施設管理図がジオレファレンスとして機能するよう、地理院地図と合せて座標系は世界座標系のWGS84を選択します。標定点のずれが最も小さくなるように調整し、矛盾点がある場合には標定点を追加して調整を継続します。この後、任意の屋内の地点の座標

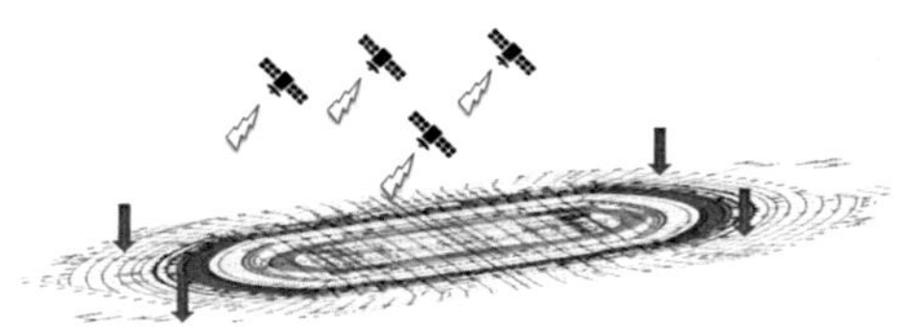

GNSS測位による標定点座標取得の概念図

二次資料として航空写真を重畳した例

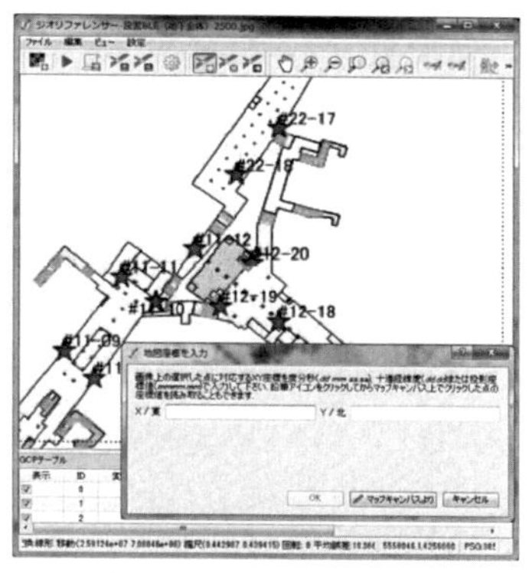

標定点座標値の直接入力例

出典：平成30年2月「屋内測位のためのBLEビーコン設置に関するガイドライン Ver.1.0」国土地理院

標定点を用いて屋外と屋内の座標系を一致させる

を緯度経度として読みとります。第2の手法では屋内の施設管理図のみを用いてその中から標定点を4点以上抽出します。この後、高精度の衛星測位を用いますので、それが可能である道路や建物の特異点で、天空が開け隣接する建物からの衛星電波のマルチパスの影響の少ないところを選びます。その後、できるだけPPP-RTK方式などのcm級の精度をもつ衛星測位により標定点の緯度経度を計測し、ジオレファレンサに入力します。第3の手法では地理院地図の地物と二次資料の地物で共通する標定点を合せて、さらに二次資料の地物と施設管理図の地物で共通する標定点をGISツールで重畳表示させて調整します。

第1および第2の手法が良好な精度を出せることがわかっていますが、そのような衛星測位が可能な標定点や、精度のよい施設管理図が存在しない場合もあり、第3の手法を使わざるをえないこともあります。

POINT

- 屋内外で地図の座標を緯度経度に合せる必要がある
- 精密な施設管理図、高精度の衛星測位、明確な標定点が必要

52 歩行空間ネットワークデータとは

地図だけがデジタル化されれば十分なのではありません

地図がデジタル化されていれば位置情報システムが実現できるかというとそうではありません。データベースはデータを入力したら終りではなく、インデックスファイルを作成する必要があります。これは入力されたデータの目次や索引の作成に相当します。インデックスファイルによってデータの検索を格段に効率的に実行できるようになります。同様に、地理空間情報では空間ネットワークデータを作成することがその作業に相当しています。

空間ネットワークデータは地図上で移動可能な径路を表すためのデータ構造です。単純にいえば、交差点をノード、道路をリンクと呼んで、それらをネットワーク化したものです。ノードには緯度経度が、リンクには距離が属性としてついています。これ以外に何も属性を考えない最も単純なケースであれば、このデータ構造にEdsger Dijkstraの最短径路探索アルゴリズムを適用することによって任意の2ノード間の最短径路を特定することが可能です。このデータ構造なしでデジタル地図だけから同様のことをするのは無謀です。歩行空間ネットワークデータとは同様のネットワーク構造を歩行者の立場にたって作成したものです。歩行者なので、屋外では歩道や横断歩道を考慮し、屋内空間に関してもデータ化しておくことが必須となります。

歩行空間ネットワークデータの場合には、利便性を考慮した雨に濡れない径路、安心・安全を考慮した人通りのある径路、観光を考慮したその土地で訪れるべき径路、さらにベビーカーを連れている場合や、車椅子の方への段差を考慮した径路や、視覚障害者のための点字ブロックを考慮した径路などのバリエーションを考える必要があります。たとえば階段などの段差があったら通れない車椅子を考える場合、途中に段差のあるリンクの距離を無限大にしてDijkstraのアルゴリズムをかければ段差を回避するルートを生成する

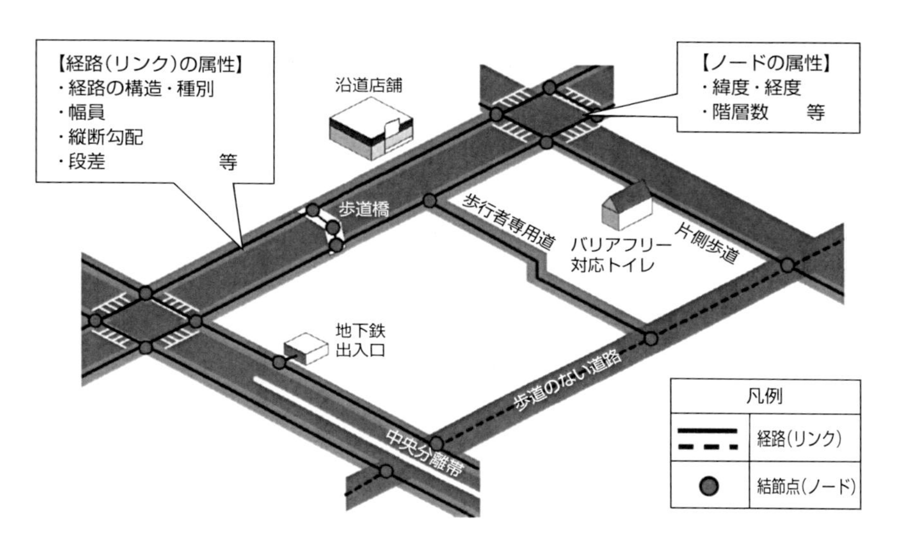

出典：2018年3月「歩行空間ネットワークデータ等整備仕様」国土交通省

歩行空間ネットワークデータ

ことができます。健常者にとっても階層移動には階段、エスカレータ、エレベータ、それ以外にも動く歩道なども最近はあって、それらのどれを選択した径路にすべきかは人それぞれで正解はないともいえます。

空間ネットワークデータのノードは交差点といいましたが、径路探索をしたい場合、必ず交差点がスタートやゴールとは限りません。リンク上にある店舗やさまざまな施設がデータ化されていて、それを起点とできる必要があります。このような施設データはPOI情報と呼ばれていて、これらも例えばバリアフリー径路を生成するために必須の情報であり、空間ネットワークデータと並立して位置情報サービス構築のための必須のデータとなります。

POINT

- 特に径路探索には空間ネットワークデータが必須
- ノードとリンクで構成され、属性情報でさまざまな用途の径路を生成
- POI情報も連携して情報量をアップ

53 歩行空間ネットワークデータの仕様

リンクの属性にいろいろつまっています

歩行空間ネットワークデータはこれまで地図作成事業者が内製していたものはありましたが、公式な仕様が公開されたのはまだ最近です。2018年3月には最新の仕様として国土交通省から「歩行空間ネットワークデータ等整備仕様」という文書がでています。特徴としては、歩行者用の空間ネットワークデータとして整備したことで、対象は道路、公園、広場、ペデストリアンデッキなどの屋外の公共空間の通路、地下街や駅構内などの屋内の通路としていて、屋内の仕様が入ってきたことです。それ以外にもバリアフリーの仕様として、車椅子の方が通行可能かどうかを判定できるための仕様や、視覚障害者のために誘導ブロック等を配慮した仕様も取り入れられています。

このように仕様が多岐にわたって豊富になってよいこともあれば、巨大化したために実際には実装が困難になることも多いといえます。そこで必須のものからオプション的なものに3層に分けて提示していることも特徴です。位置情報サービス実現に必須となる第1層では、ネットワークデータ構造はもちろんですが、径路の段差、幅員、勾配、視覚障害者誘導用ブロック等の有無などバリアフリーを配慮するための必要最小限の項目が入っています。第2層では、手すりや屋根の有無など、より安全・快適な移動支援のための項目が入っています。第3層では特に地域特有のサービスに必要なもの、例えば積雪寒冷地のための仕様などが入っています。

ネットワークデータはすべてノードとリンクで構成して、それぞれに固有のIDを振りますが、ここでは国土地理院が管理する「場所情報コード」を利用することを推奨しています。段差や階段、エレベータ等の階層移動手段、勾配などはすべてリンクの属性項目としてまとめられています。実際にバリアフリー径路などの特定の制約を与えて径路を探索する場合には、この

出典：2018年3月「歩行空間ネットワークデータ等整備仕様」国土交通省

歩行空間ネットワークのデータ構造

リンクの属性に応じた「距離」をシステムの開発者が適切に調整することによって実現させますので仕様には入っていません。

ノードの置き方についても細かなケースに分けて詳細に説明されていますので、一読の価値があります。基本的に交差点でなくとも属性の切り替わりのポイントにはノードを置くべきとのポリシーで、階段の途中にも踊り場があればその出入りのポイントにノードを置きます。エレベータは各階の乗り位置、そしてエレベータの箱の中にも（動く）ノードを置きます。広場などの広い空間は屋内にもあり、ノードの置き方は議論があるところですが、ここでは広場に結節する径路の出入口と広場の中心位置にノードを配置し、中心のノードと各出入口のノードを接続するようにとあります。また、広場に視覚障害者誘導用ブロックがある場合には、ブロックの敷設位置に合せてノードを配置することも有効でしょう。

POINT

- **国土交通省の歩行空間ネットワークデータ仕様は屋内の公共施設をサポートした最新版が公開された**
- **特に３層に分けて必須項目を指定していること、バリアフリーの配慮があることが特徴**

歩行空間ネットワークデータの作成と活用

作成は手間だけど屋内測位にも活用できる

歩行空間ネットワークはナビゲーションの径路生成に利用されるのが主な目的ですが、屋内測位でも前述のように重要です。特にマップマッチングでは必須のデータ構造です。スケルトンマッチでは近傍のリンクに垂線を下して位置を矯正します。それ以外も進行方向の推定、測位推定のバックトラックなど多くのシーンで利用できます。空間ネットワークデータはどのように作成したらいいでしょうか。国土交通省のサイトには国の機関、地方公共団体、大学等の研究機関に限って利用できる試行版として「歩行空間ネットワークデータ整備ツール」が公開されています。これは同省のデータ仕様のほとんどをサポートしたネットワークデータを作成できるWebベースのシステムです。このような作成ツールを開発することもあると思いますが、その場合にはGeoJSONを出力形式にすると扱いやすくなるでしょう。

手で情報を入力しながら空間ネットワークデータを作成する以外に、現場を歩きながら屋内測位をしつつ、その移動軌跡をネットワークデータに変換する手法もあります。そもそも歩行空間ネットワークデータがない施設での話なので、「裸の」PDRから推測することになります。しかし、最近では三次元構造をスキャンできる深度センサーやステレオカメラ等が利用可能になっています。このような特別なセンサーを使わなくても、iOSのARKitやAndroidのARCoreなどの三次元認識・AR用のライブラリを通常のカメラで活用することもできます。これらを用いて空間をスキャンしながら歩行空間ネットワークデータを生成することも可能になってきています。

歩行空間ネットワークデータの活用では前述のスケルトンマッチ手法が多用されています。さらに、国土交通省の仕様を少し拡張し壁の情報も保持できるようになります。ネットワークデータはいわば「スケルトン（背骨）」

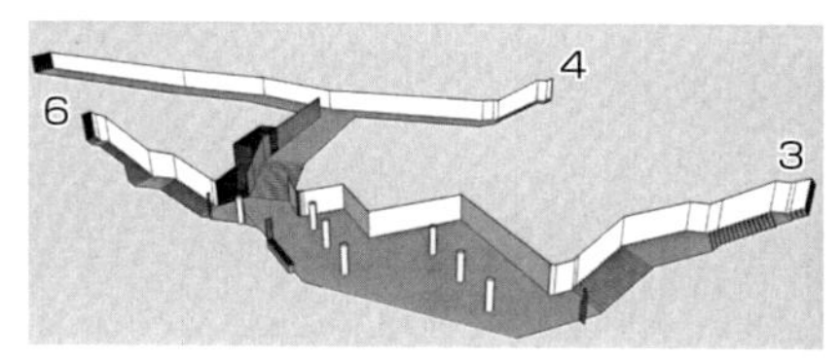

構内の3Dモデル

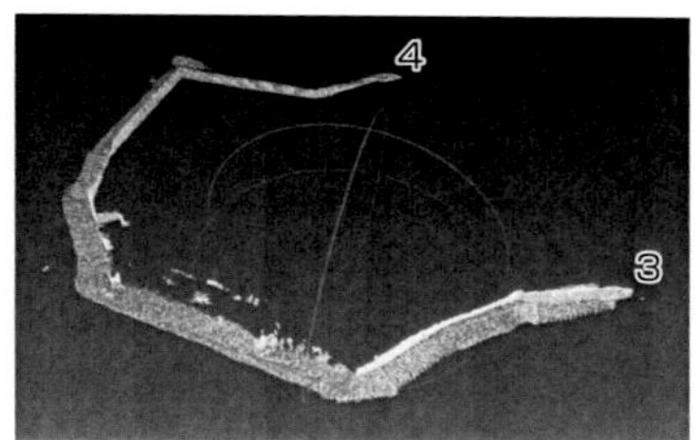

点群データ（歩行データの一部のみ）

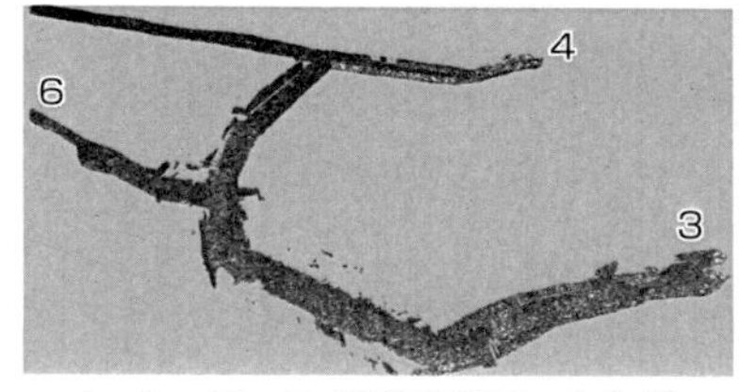

メッシュデータ（複数歩行データ合成）

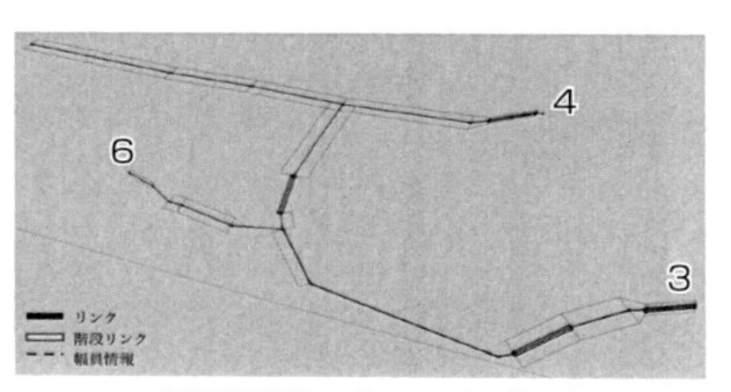

歩行空間ネットワークデータ

移動軌跡による歩行空間ネットワークデータの作成

のみのデータなので、壁情報を追加することで前述のPDR測位の軌跡を修正する方式のマップマッチングが可能になります。既に仕様には通路の幅員情報はリンク属性としてサポートされているので、壁情報はもう一歩のところです。この他にも、測位結果の確信度が低下したときにバックトラックする手法で、どこまで戻ってやり直すかなどの展望をたてるのにも活用できるでしょう。直近の分岐点で階段を選んだのか、そのまま通り過ぎて同じ階層にとどまっているかの判定などの契機を見つけることにも利用できます。拡張してリッチになった歩行空間ネットワークデータであれば、いまいる空間の簡易な三次元モデルを再構成することも可能です。そのようなビジュアルを用いた革新的なナビゲーションも今後生まれてくるかもしれません。

POINT

- ネットワークデータの作成には（政府の提供する、深度センサーによる、スマートフォンのライブラリによる）ツールを活用
- 径路探索以外にも屋内測位のマップマッチングや測位精度向上に活用可能

COLUMN

広場のノードはどうあるべきか？

歩行空間ネットワークデータで広場をどのように表すかも議論すべきポイントです。国交省の仕様では広場の各出入口のノードと中心位置のノードを結ぶ手法が提案されていますが、この仕様だと径路計算をするときには距離が長めに見積られてしまいます。屋内測位の観点からは広場でのマップマッチングはどのようにあるべきかは難しいところで、少なくとも広場の中心位置から放射状のリンクにスケルトンマッチするのは嬉しくないのではないでしょうか。出入口ノードから任意の2つをすべて結ぶリンクを用意する手もありますが、あまり筋がよさそうでもありません。

仕様を拡張するとしたら、ある程度以上の広さのある広場は広い交差点として取り扱う手法があります。広場は広がりのある交差点ノードだと考えることで、そのエリアでは屋内測位の方略を変更することも可能です。実際の広場の寸法を属性とすることで距離の計算に活用することもできます。

広場と交差点の違いを明確に決めるのは困難です。いずれにしろ、そのネットワークデータを何を優先して活用したいのかに依存する問題ですので、それを念頭に設計したデータ構造を用いるべきでしょう。

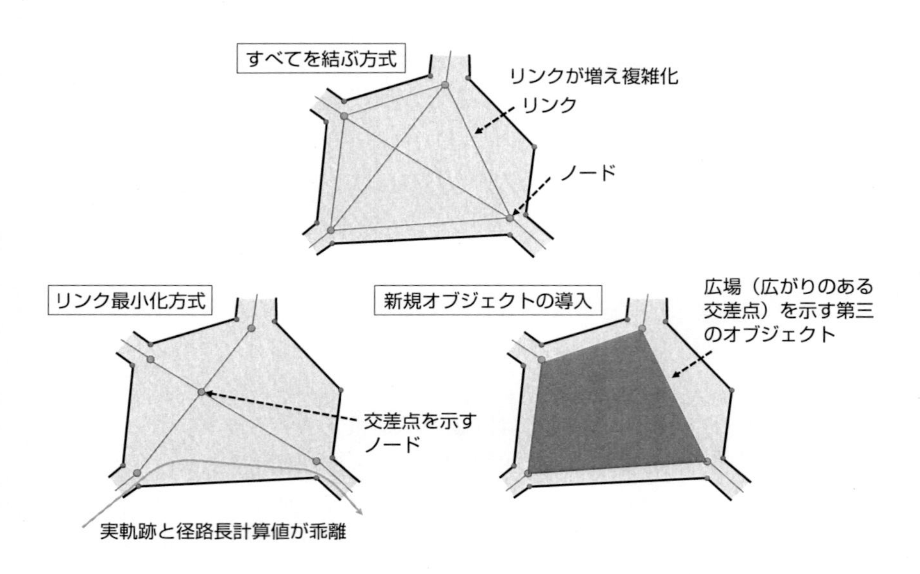

第 8 章

屋内測位と位置情報の活用

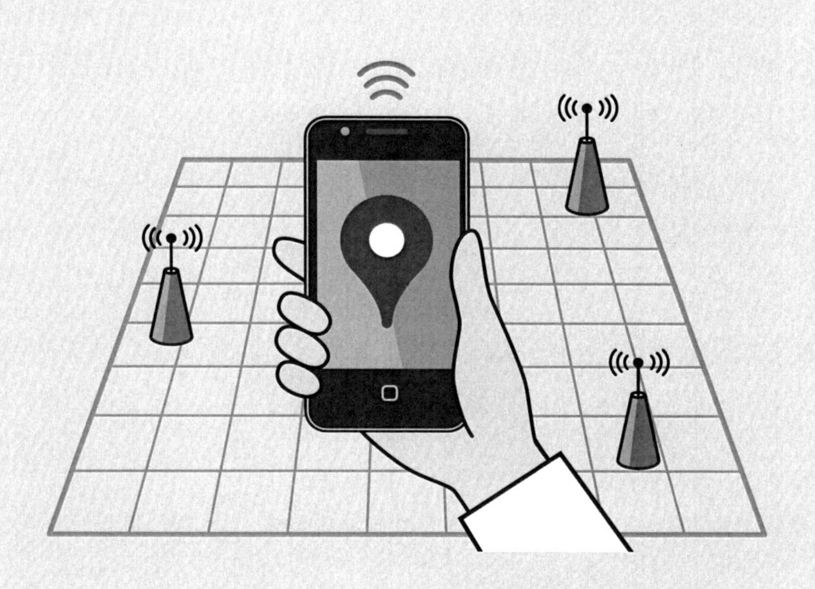

55 Appleの取組み1

ゆっくりとですが着実に進めています

2007年に最初のiPhoneが出荷されましたが、衛星測位機能はついていませんでした。おそらく電力消費をカバーできるだけの受信機のついたチップセットが間に合わなかったのでしょう。その代りにあったのがWi-Fi測位をベースとしたもので、Skyhook社と契約して提供していました。当時はもちろん、このWi-Fi測位は屋外が対象で、翌年に衛星測位機能のついたiPhone 3Gが出てからは注目されなくなりました。iPhoneに衛星測位がつきユーザ数も増えてくると、Skyhookの保有するようなWi-Fi基地局の位置情報はAppleが自身で収集できる可能性もありますし、屋内への展開はまだまだ先の話でした。

国内でiPhoneのWi-Fiを用いた屋内測位機能はソニーコンピュータサイエンス研究所からスピンアウトしたスタートアップのクウジットが実装し、PlaceEngineとしてARアプリの「セカイカメラ」、「Yahoo!地図」など多くのアプリケーションで活用していました。しかし、突然、2010年にAppleがiPhoneのWi-Fiデバイスから電波情報を取得するアプリの開発を禁止し、AppStoreから該当するアプリを閉め出しました。もともと正式なAPIではなかったことや、プライバシー保護、デバイス依存性が生じるなどの理由が噂されましたが、このときからアプリ開発者がiPhoneで屋内の絶対位置の測位をする可能性がiBeaconが出るまで途絶えます。

当時AppleはGoogle MapsをiOSデバイスの地図として採用していましたが、2012年に自社で開発した地図サービスであるApple Mapsを開始しました。最初は散々な品質でSVPが責任をとることになりましたが、徐々に品質を向上させて、現在ではAppleは世界で第2位の地図会社といえるでしょう。2013年にAppleはWi-Fi測位のスタートアップであったWiFiSLAMを2

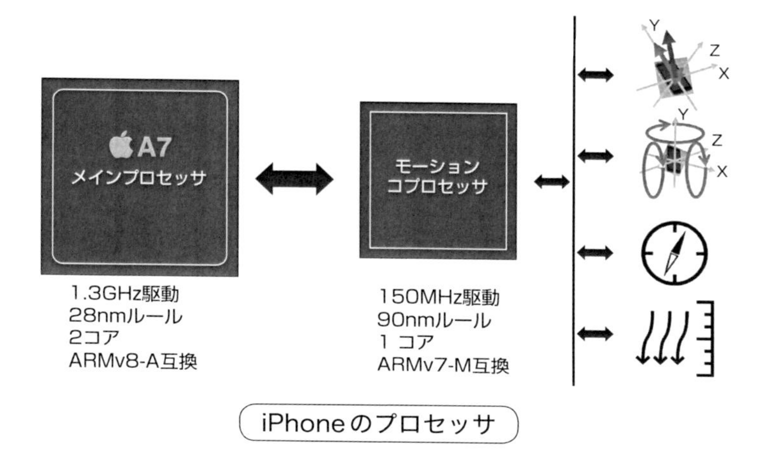

iPhoneのプロセッサ

千万ドルで買収し、屋内測位機能の準備を始めるとともに、同年に発表したiPhone 5sにモーションコプロセッサであるM7を搭載し省電力のPDRの実現に備えました。続く、2014年からMaps Connectプログラムを開始します。これはApple MapsへのPOIの登録、屋内地図の作成、屋内測位（Wi-Fi測位）のためのサーベイの3つを実施するプログラムで、参加・登録する施設管理者はもとになる施設情報、施設地図などを提供し、AppleからWi-Fi測位を可能にするためのWi-Fi電波観測プログラムが供給されました。

2016年から、乗換案内であるTransit、Suicaと連携したApplePayなどが日本でもリリースされ、Maps Connectプログラムと一体化して、商業施設を統合的に高付加価値化するプロモーションとしてBtoBでの展開が始まります。2017年のWWDCではついにiOS 10の新機能として、Craig FederighiによりMalls（商業施設）とAirports（空港）というタイトルで屋内地図と屋内測位のデモが行なわれました。展開都市の中には北米以外の都市としてHong Kong、Londonと並んでTokyoの文字がありました。

POINT

- Apple MapsからMaps ConnectプログラムでPOI、屋内地図、電波強度地図を収集
- iOS端末もモーションコプロセッサで補強し屋内測位に備える

56 Appleの取組み2

屋内測位の精度は上々

2014年から開始されたMaps Connectプログラムの日本の参加施設は増えていますが、Appleらしい大々的な広報は執筆時点ではまだされていません。このプログラムは施設管理者とAppleが施設地図を含む情報を活用するための契約を個別に結ぶ手間も時間もかかるものであったことや、Appleの施設地図用の標準フォーマットであるApple Venue Format（AVF）が世界中の複雑な施設に対応するためのアップデートを重ね、それがIndoor Mapping Data Format（IMDF）として公開されたのが2018年になってからであったということ、その間にも施設では更新が起きており、それに対応するためのフレームワークの導入などの事情があるようです。幸いPOIは屋内、屋外関係なく更新されているようで、Apple Mapsへの取り込みは既に有効になっていて、地図上での表示、検索、情報提供は実現しています。結果としてApple Mapsでの屋内地図の表示と屋内測位の開始が「待ち」の状態です。

このような中でも、初期に同プログラムに参加した施設管理者はAppleから自施設の屋内地図と屋内測位機能をiOSデバイスで利用するためのキーコードを獲得しており、登録されたデバイスのみですが屋内地図の表示と屋内測位が可能な施設もあります。また、2018年夏にはついに成田国際空港、中部国際空港セントレアでの一般ユーザへの屋内対応が静かに開始されています。Apple Mapsの屋内地図については2017年のWWDCのキーノートでも公開されています。AppleのiOSの測位機能はCoreLocationと呼ばれるライブラリにまとめられていて、屋内では基本的にWi-Fi測位を用いています。とはいえ、モーションコプロセッサに内蔵されている加速度センサー、ジャイロスコープ、地磁気センサー、2014年のM8からは気圧センサーも統合され、PDRによるハイブリッド方式の測位機構が動き、多階層の施設で

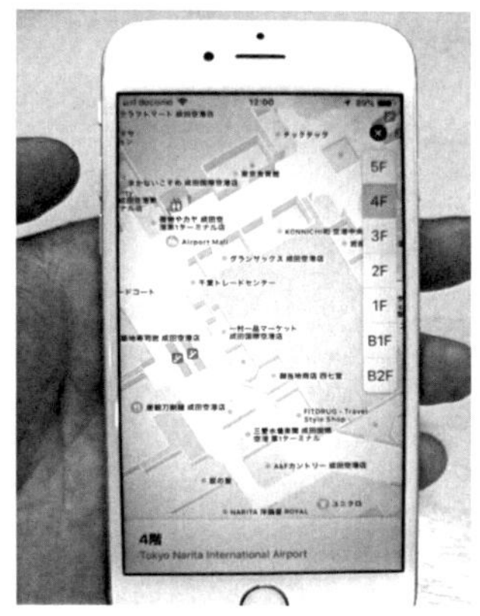

中部国際空港（左）と成田国際空港（右）の屋内地図表示

の階層間移動にもスムーズに対応できています。加速度センサーを用いたPDRでは、歩いていなくても端末を振ると誤ってステップ検知してしまい現在位置が先に進んでしまうのですが、同じことをiPhoneでやると最初は確かに誤って前進しますが、ほどなく元の位置に現在位置が戻ってきます。これはWi-Fi測位とのハイブリッド化が有効に働いているおかげでしょう。筆者の経験では測位誤差は5 mとずれることはないようで、Wi-Fi測位だけではなかなか実現できないレベルです。Wi-Fi電波のサーベイアプリも供給されているので、少なくとも施設管理者の方でWi-Fi電波情報の更新をすればクラウド経由で経年劣化に対応することも可能です。ただし、ある施設での筆者の経験では地図の表示上では店舗内に入れませんでした。これはおそらくWi-Fi電波サーベイができているエリアのみにマップマッチングされているのかもしれません。ただし、Wi-Fiサーベイを店内でも実施すればそのままうまく動作するかどうかは、店舗の出入口は限られていますし、他にもかなり空間移動の自由度が上がりますから何ともいえないでしょう。

POINT

- Wi-Fi測位をベースにモーションコプロセッサとハイブリッド測位
- 誤差数ｍの上々の測位性能

57 Googleの取組み1

老舗のGoogle Mapsのインドア化は期待大

Google Mapsは2005年からサービスを開始し、ほとんどの国で自社で地図の開発をしてサービス提供しています。数少ない例外である日本はゼンリンが地図を提供しています。ゼンリンは屋内地図についても積極的で、早くから実験的に屋内地図を制作していましたが、Google Mapsの屋内版であるインドアマップには採用されませんでした。インドアマップは2011年からサービスが開始され、その屋内地図はGoogle自身が作成して次々に公開されていきました。順次エリアを拡大し、2015年には都市部での屋内地図がかなり目立つようになってきました。ストリートビューの屋内版は当初は美術館をウォークスルーできるGoogle Art Projectとしてスタートしましたが、その後、インドアビューとして店舗やレストラン内へ拡大されています。

インドアマップは多階層施設をサポートしています。Google Mapsアプリで複数の階層のインドアマップが存在するエリアにフォーカスがあたると階層ピッカーが表示され、自由に選択した階層の地図が表示されるようになります。ただ、アプリ開発者にとっては、Google Maps APIでの階層制御は十分ではないようです。例えば、表示位置をスワイプで変えると階層が勝手に変更されてしまいますし、POI探索で階層の属性が入手できない、PCのブラウザではそもそも階層ピッカーがでてこないなどの問題があります。

屋内測位については、インドアマップが公開されたときから一部利用可能になっていました。GoogleはAndroidが世に出たときからユーザの許諾をとってWi-Fi基地局の電波情報を収集していました。しかし、この自動収集は屋内での絶対位置を付与できず、インドアマップの制作をするときに同時に人手で整備しているようです。インドアマップの制作はAppleのMaps Connectプログラムのように施設管理会社とGoogleが直接契約して実施し

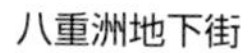

都営三田線大手町駅

Android/Google MapsとiOS/Apple Mapsを同じ場所で表示（縮尺は異なる）
Google Mapsでは、階層ピッカーと屋内地図が表示される

Googleのインドアマップ

ていますが、電波サーベイ手法がオープン化されているMaps Connectと違い、施設のサーベイ手法については開示していません。おそらく、Android端末は機種が種々様々であるために、共通の手法としてWi-Fi電波強度地図をインドアマップごとに制作・管理しているのだとは思います。インドアマップが公開されている施設ではWi-Fi測位ができることが期待されますが、Appleの屋内測位機能ほどの精度は出ていないようです。とはいえ、地下鉄に乗車中に駅に停車するごとにほぼ正確に駅に位置するのは素晴しいといえます。Wi-FiをベースとしたGoogleの屋内測位がなぜそれほど精度が出ていないのかの理由はわかりませんが、普及の時期がちょうどWi-Fi設置の拡大時期と重なっているため、電波強度地図の経年劣化、取りこぼしの影響があるのではないかと思われます。

POINT

- Googleのインドアマップはカバーエリアを考えると唯一の屋内地図リソース
- Googleも屋内測位はWi-Fi測位がメインだがオープン化していない

58 Googleの取組み2

Fused Location Providerの進化はまだ？

2013年の開発者会議であるGoogle I/OでFused Location Providerが発表されました。Fusedとは「混成された」という意味で、衛星測位、携帯電話基地局、Wi-Fi、端末センサーによる測位機能の複数の手法を「フューズする」ということでした。どのような測位をするのかアプリ生成時のマニフェストファイルに精度と優先度を指定するのですが、衛星測位が高精度（十数m誤差）で、携帯基地局測位が低精度（数km誤差）、衛星測位は電池消費が激しいので優先度が高くないと止まるといった形です。屋内ではWi-Fi測位が期待されますが、あくまでもWi-Fi電波強度地図が作成されそれをGoogleが保有している施設に限られます。電波地図のない施設に入って衛星測位が途切れると、携帯電話基地局測位に切り替わるので誤差範囲が巨大化してしまいます。基本的に排他的に複数の測位手法を切り替えるのが目的であって、ハイブリッド手法とはいえ開発者にとっては切り替える手間をなくす実装のようです。そして少なくとも現時点では、このLocation Providerが参照するWi-Fi基地局情報をアプリ開発者が提供する窓口はGoogleにはありません。そのため、任意の施設でWi-Fi測位をAndroidで実装するには、個別のWi-Fi電波強度地図等を情報管理する独自のLocation Providerをアプリ開発者が自分で提供する必要があります。また、AppleのiBeaconに相当するBLEのオープン規格としてGoogleはEddystoneをだしていますが、まだBLE電波情報を「フューズ」するという動きは見えてきていません。

2018年、Androidに新たな測位手法が追加されるというアナウンスがありました。無線LANの国際規格であるIEEE802.11にmcという規格が追加されて、それにWi-Fi RTT（Round-Trip-Time）APIが追加され、それをAndroid Pieリリースからサポートするとのことです。これは基地局と端末

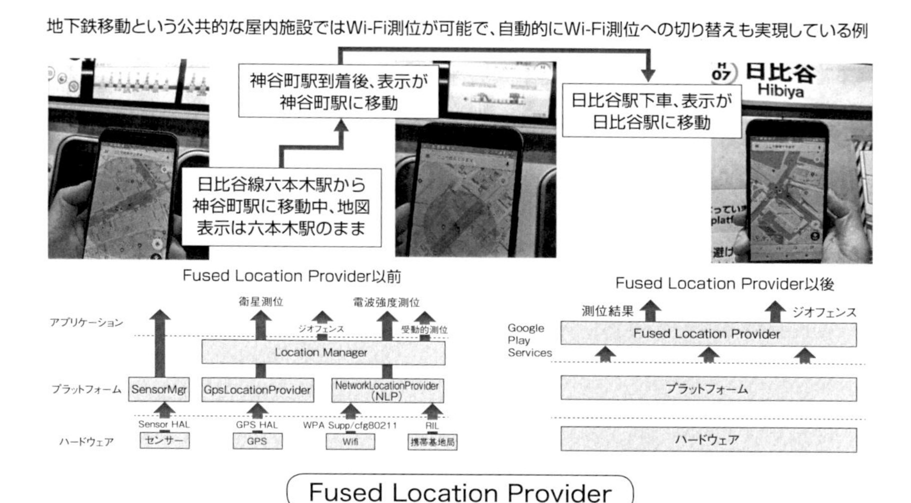

Fused Location Provider

の間でパケットの送受信を何往復か繰返し、その遅延を計測することで距離をToF方式で推定する機能です。今後、802.11mc規格準拠の基地局とAndroid端末が増えると、このAPIを通して両者間の距離を算出することが可能になります。Google I/O 2018ではGoogle Wifiをアップデートして11mcに対応させるとのアナウンスがありました。まだどの程度の測位精度がだせるのかは不明ですが、1～2m程度の精度であるとの記述もあり、電波強度方式よりもかなり改善されることが期待できます。ただし電波強度地図を作成・維持管理するコストはありませんが、基地局の設置位置を把握していないと測距はできても測位はできません。測位を可能にするためには、その施設に入ると基地局情報をダウンロードできるか、測位計算をクラウドで実施するスタイルになるでしょう。前者は国土地理院の推進しているパブリックタグとして機能させるオープンデータ化の流れ、後者は施設側から利用者の位置情報・人流を把握するマーケティング指向の流れになります。

POINT

- Fused Location Providerは排他的なハイブリッド測位
- 802.11mc規格の基地局や端末でToF測位が可能になる

59 Yahoo! JAPANの取組み

初めて地磁気での屋内測位を実現させました

Yahoo! JAPAN（以下、ヤフー）は1998年にインターネットでの地図サービス事業「Yahoo!地図」を開始し、2004年には地図制作・販売会社であるアルプス社の事業を継承しました。ヤフーは日本では常にGoogleと地図サービスの老舗として存在感を持っています。Yahoo!地図のベースはゼンリンの地図を使用していますが、それに独自に情報を追加して、新しい道路が開通したときや最近では海底火山で新しい島が生まれたとき、そして災害時の情報更新などフットワークの軽いネットワーク地図サービスとして魅力を増しています。ヤフーは地図以外にも国内の豊富なコンテンツを持っています。各サービスと連携し、雨雲や台風情報、人の混雑、乗換案内などをYahoo!地図に重畳するなどの機能でも独自のサービス価値を追求しています。

Yahoo!地図の屋内対応はどうでしょうか。筆者が知る限りでは全国の主要な駅の構内図や地下街の地図表示を最初に提供したのがYahoo!地図だったと思います。屋内対応で特に注目すべきは、2016年から実施している地磁気による屋内測位機能の追加でしょう。この機能はフィンランドのスタートアップIndoorAtlasとの提携によってもたらされました。既に述べましたが、地磁気センサーの出力だけで絶対位置はわかりませんので、あくまでもハイブリッド測位の中で一つの手法として環境磁場による地磁気の乱れを用いるわけですが、実用化してサービス提供しているのはYahoo!地図のアプリである「Yahoo! MAP」のみです。測位およびナビのサービスが利用できるエリアは、新宿駅、渋谷駅、東京駅の構内（改札外）とその周辺の地下街です。

Wi-Fi測位と同様に対象エリアの磁気地図を作成する必要があるわけですが、Wi-Fi電波のスキャンと比較すると立ち止まる必要がなく歩き続ければ地図作成用のデータ収集ができることは大きな違いでしょう。磁気地図の経

Yahoo! MAPの屋内対応

年劣化は当然発生するので、工事をしているところではその前後で取り直しが必要になります。さらに地磁気はモーターで乱れます。フィールドとなった駅は電車の出入りがあるので、そのような場所ではいつまで計測しても安定させることが困難になるようです。

実際の測位精度は場所に依存します。問題がない場所では誤差は数m以内で、ハイブリッドしないWi-Fi測位のみの誤差が10 m前後ですからかなり優秀です。問題がある場所ではその原因を特定し、ハイブリッド手法の改良の必要がありそうです。Android端末での地磁気センサー感度は機種間差異があるので注意が必要です。地図メンテナンスのコストを考慮しても全体のコストはWi-Fi測位と同程度で測位精度はやや上といえそうです。Yahoo!地図には国内に特化したサービスや、同社の他の国内サービスと連携させた地図サービスに魅力があり、今後も大いに期待できると思われます。

POINT

- 国内では老舗の地図サービスで、自社コンテンツと連携したサービスで差別化
- 地磁気による屋内測位を提供し、コストはWi-Fiと同程度で精度はWi-Fiに勝つ

60 高精度測位社会プロジェクトの取組み

東京オリンピック・パラリンピックが一つのマイルストンです

国土交通省国土政策局では2015年から国土情報課が中心となって高精度測位社会プロジェクトを事業展開しています。このプロジェクトでは東京2020を見越して、屋内外シームレス測位と屋内外の電子地図を整備してシームレスな空間情報インフラの実証を重ねつつ、バリアフリーで訪日外国人にも円滑な移動・活動ができるストレスフリー社会の構築を目指しています。

2015年から東京駅周辺施設においてBLEビーコンタグを用いた屋内測位実証インフラと同地区の電子地図のプロトタイプを活用したAndroid版アプリを提供し、民間事業者もこれらを活用する実証実験に参画しました。2016年からは新宿駅周辺、日産スタジアム、成田国際空港と実証フィールドを広げて、iOSアプリも提供しました。2017年には新宿駅周辺施設の電子地図をオープンデータとしてG空間情報センターから公開するとともに、設置されたBLEビーコンタグを国土地理院が推進するパブリックタグに登録して一般に活用できる位置情報インフラとしています。活用例としては、最寄り交通機関（新横浜駅）から競技場（日産スタジアム）までの屋内外シームレスで段差フリーの径路案内を実現して一般公開しています。

同プロジェクトはG空間情報センター事業、同省総合政策局のバリアフリー・ナビプロジェクト、国土地理院の総合技術開発プロジェクト「3次元地理空間情報を活用した安全・安心・快適な社会実現のための技術開発」とも互いの事業、フィールド、成果を連携させています。具体的には屋内電子地図の仕様、屋内測位インフラ構築のガイドライン、歩行空間ネットワークデータの仕様、バリアフリーのための施策、パブリックタグの推進などです。一定エリア内の施設が対象の位置情報サービスの立ち上げはこれまでにモデルのない事業です。単に先端技術の検証にとどまらず、新しいインフラ

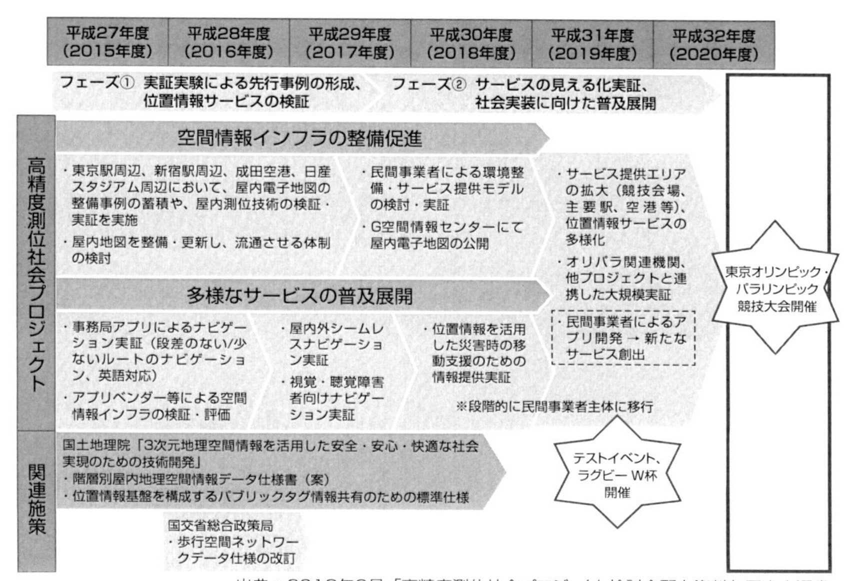

出典：2018年9月「高精度測位社会プロジェクト検討会配布資料」国土交通省

高精度測位社会プロジェクト

を継続的に維持管理していけるビジネスモデルの構築から、現場のフィールドのステークホルダーとなる複数の施設管理者との調整、民間企業を巻き込んでのサービス実証など多岐にわたった事業となります。空間情報インフラの維持管理にはどうしてもエリアを束ねる団体の存在が必須で、新たなサービス展開を図りたい民間事業者に対してワンストップの窓口の実現が期待されます。

今後は国の東京2020に向けての多言語音声翻訳や人流把握による移動の最適化などの取組み、関連機関の連携を深め、サービス提供エリアを拡大し、より大規模で実用的なサービスの実証とその導入を目指しています。

POINT

- 屋内外シームレス位置情報サービスの発展のため技術実証、フィールド開拓、モデル作りを推進
- エリアマネジメントを実現し、民間事業者を巻き込んでサービス展開

61 測位主体は誰か

私の位置を誰が知るのか

これまでの話のほとんどは、自分の位置情報を自分もしく自分が携帯する機器が推定し、その結果を自分が知るということでした。自分の位置情報は自分が知るのが基本ですが、他の誰かがさまざまに利用することも現実的な時代になってきています。例えば施設の管理者はどの時間、どの曜日にどのくらいの人が施設を利用しているか、施設の何（どこ）を利用しているかは知りたいところでしょう。災害時には施設管理者はどのくらいの人を避難させないといけないかを知る必要もあります。障害者の方は緊急のことを考えて施設の管理者に「自分がいまあなたの施設を利用している」と伝えたいこともあるでしょう。火事のときには消防士はもちろん、どこに残留者がいるかが必須の情報です。施設管理者でなくとも、BtoBでの位置情報利用では他人が自分の位置を把握するのは日常です。警備会社、組立工場、物流倉庫、さまざまなシーンで動態管理システムが動作しています。今後は屋内環境でも動作することが期待されているはずです。以降ではケースとしては施設管理者に限りませんので、自分の位置情報を把握する他人の総称として「環境側」と呼ぶことにします。

環境側からユーザの位置情報を把握するのには3つのケースがあります。ユーザが何も携帯していない場合、スマートフォンを携帯している場合、BLEビーコンタグを携帯している場合の3つです。何も携帯していない場合には施設側にはそれなりのセンシングインフラの整備が必要です。例えば監視カメラ、人感センサーなどです。これ以外にも最近では赤外線、レーザスキャナ、ステレオカメラ、深度センサーなどさまざまなものが利用可能になってきています。

ユーザがスマートフォンを携帯している場合には、2つのケースに分かれ

●測位の主体と手法

ユーザの状態	専用アプリの有無	測位主体	測位手法	要する資材	備考
何も持ち歩かない	N/A	ユーザ	N/A		
何も持ち歩かない	N/A	施設	施設側センサーで観測	カメラ/人感センサー等	施設管理者が整備する必要
スマートフォンを持ち歩く	なし	ユーザ	端末提供機能で測位	LTE/3G + 標準地図アプリ	施設に伝える手段がない、精度が数百mから数キロ
スマートフォンを持ち歩く	なし	ユーザ	端末提供機能で測位	Wi-Fi + 標準地図アプリ	施設に伝える手段がない、OS測位機能なのでApple/Googleが測位環境を整備する必要
スマートフォンを持ち歩く	なし	ユーザ	端末提供機能で測位	GPS + 標準地図アプリ	施設に伝える手段がない、屋外のみ
スマートフォンを持ち歩く	なし	施設	環境側にIoTゲートウェイ	Wi-Fiプローブ要求パケットを観測	Wi-Fiオンが必要、それでも間欠的にしか送信されない、IoTゲートウェイ単位程度の測位
スマートフォンを持ち歩く	あり	ユーザ	専用アプリが測位して施設に配信	測位インフラ+端末センサー等で測位	施設側に測位インフラ整備と専用アプリからの測位結果を収集する動体管理システムが必要
スマートフォンを持ち歩く	あり	施設	環境側にIoTゲートウェイ	専用アプリとIoTゲートウェイが連携して測位	専用アプリがあればさまざまな手法が可能、ただし施設に何らかの設備は必要
ビーコンタグを持ち歩く	N/A	ユーザ	N/A		
ビーコンタグを持ち歩く	N/A	施設	環境側にIoTゲートウェイ	IoTゲートウェイがビーコンを受信して測位	IoTゲートウェイ単位程度の測位

ます。先ほどの動態管理システムのような特定のアプリケーションをインストールしている場合と、何も施設側と連携できるアプリケーションがない場合です。動態管理システムの専用アプリがあれば、ユーザの測位はそのアプリ自身が実施しその結果を都度、環境側に共有します。測位手法はこれまで説明した手法になります。動態管理システムといわなくてもユーザの位置情報をネットワークごしにバックエンドシステムが収集することを利用の条件とするアプリも多く存在します。このケースは2つに分かれていて、位置情報収集機能を持つライブラリをアプリ開発者とは別の事業者が提供しアライアンスを組むケースと、ユーザ数の多い人気アプリが位置情報をそのまま吸いあげるケースとです。いずれも不特定多数から情報を取りますので、数が多く全国すみずみにユーザがいてくれることが重要になります。人気アプリはその点では強く、そうでない場合にはアライアンスが必須となるわけです。

POINT

- BtoBや施設管理者では、個人の位置情報を他人が活用するのが日常
- 施設がセンシングインフラを整備するか、特定のアプリケーションもしくはBLEタグをユーザに携帯させる

62 環境がWi-Fi機器の存在を把握する1

Wi-Fi機器は常に存在を伝えるパケットを送出している

特定のアプリケーションがインストールされていないスマートフォンを携帯しているユーザを環境側から識別する手法として、まずあげられるのはWi-Fi機器のパケット監視です。ほぼすべてのスマートフォンにはWi-Fi機器が内蔵されており、LTE・3Gなどの携帯電話網の通信よりも安価で安定し高速であるため、多くのユーザがWi-Fiをオンにしたままでいると思います。オンにしていると、普段接続している基地局には、接続可能なエリアにスマートフォンが入ってくると自動的に接続するようになるからです。これはWi-Fi機器が「なじみの」基地局に対して自分の存在を伝えるためのパケットを送出しているからです。このパケットはProbe-Request Packet（探索要求パケット）といい、Wi-Fi機器が動作していれば常に何らかの周期に従って送出されています。

このパケットの中には自分のMACアドレスとこれまで接続したことのある基地局のBSSID/ESSIDのランキング上位が含まれています。当該基地局がこのパケットを受信すると端末との接続手順が自動的に始まります。ポイントはこのパケットにMACアドレスが入っていること、常に送信されていることです。このパケットはどの基地局にも可読である必要があるため、誰にでも観測可能です。このパケットを観測していれば自分の周囲にどのようなMACアドレスをもつWi-Fi機器が存在するかを認識することができるわけです。本来、MACアドレスは世界中でユニークにつけられていますから、端末ごとの識別も可能です。この探索要求パケットを監視して収集するセンサーは人流センサーと呼ばれていて、Raspberry Piなどを用いて簡単に実装することができます。実際、Wi-Fi基地局を自作するよりも簡単です。このセンサーを複数作成して、施設内に設置しておくことによって、特

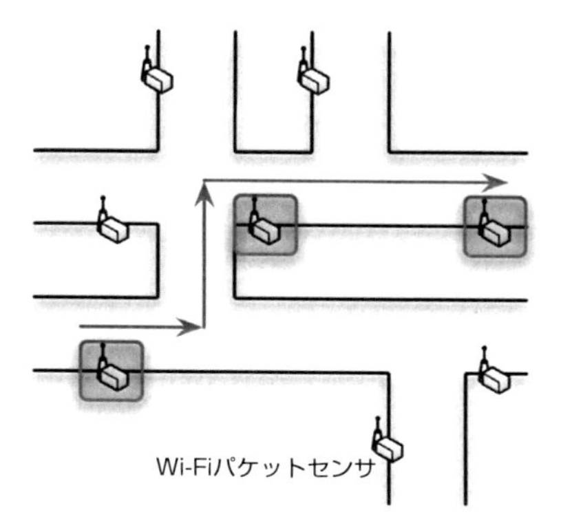

Wi-Fiパケット追跡の利害得失

定のMACアドレスを持つ機器を追跡することが、安価に実現可能なのです。

この人流センシング手法には注意すべき点が3つあります。まず人を識別しているのではなくてWi-Fi機器を識別しています。複数のWi-Fi機器を携帯していれば実際の人数よりも多くカウントされますし、持っていない人や持っていてもオンにしていない人はカウントされません。2つ目の注意点は、このパケットの送出間隔は機種や実装依存で、どれも間欠的にしか送出されません。パケット送出間隔が長いものだと数分のものもありますし、間隔が長くなったり短くなったりするものもあります。つまり、受信したパケットの分析のみでは統計的な結果しかだせませんし、それはサンプリングした数字であると考えるべきでしょう。最後の注意点はMACアドレスは世界でユニークなのですが、この探索要求パケットに入れるMACアドレスは乱数化されることが標準となってきているということです。

POINT

- スマートフォンはWi-Fiがオンになっていると常にパケットが送出されている
- このパケットはMACアドレスを含み、これを監視することで追跡が可能となる
- 分析結果はあくまでもサンプリング結果であり、実数ではない

63 環境がWi-Fi機器の存在を把握する2

MACアドレスの乱数化により追跡可能性は低減

前述のようなWi-Fi機器の探索要求パケット監視による人流分析は、2014年から始まったWi-Fi機器のMACアドレスの乱数化（ランダマイズ）で大きく変ります。Wi-Fi機器のMACアドレスを世界中でユニークに保つのはやや大袈裟でLAN内でユニークであれば十分です。ということで探索要求パケットに含めるMACアドレスを定期的に乱数で変えることによって、個々のWi-Fi機器の追跡可能性を断つ実装が始まりました。Appleは2014年のWWDCでこのWi-Fi探索要求パケット内のMACアドレスの乱数化を採用すると発表して、iOS 8にいち早くこの実装を取り込みました。当初は乱数化したMACアドレスの切り替わるタイミングが基地局との互換性や接続性を損なわないことを考慮してか限定的であったようです。最近ではより頻繁に切り替わっているようです。

実際に探索要求パケット内のMACアドレスが乱数化されているかどうかを知りたい場合には、MACアドレスのOUI（上位24ビット）を見ます。その第1オクテットの下位2ビット目がGlobal/Localビットになっているので、そこが1だと乱数化が使用されていることがわかります。近年ではiOSだけではなくAndroidでもMACアドレスの乱数化が始まっています。筆者らの検証では2016年には約7割の探索要求パケットが、2017年では9割程度の探索要求パケットが乱数化されています。ただし、これは必ずしもWi-Fi機器の割合を反映しているわけではありません。同じWi-Fi機器であっても乱数化によって1台が複数の異なったMACアドレスの探索要求パケットを送出する場合があるためです。

MACアドレスの乱数化がなされていると、個別のWi-Fi機器の追跡可能性は低減されます。Wi-Fi探索要求パケット観測による人流分析では、この

ランダマイズ端末の特定
・MACアドレスの第1オクテットの
　最下位ビットから2ビット目が1の時

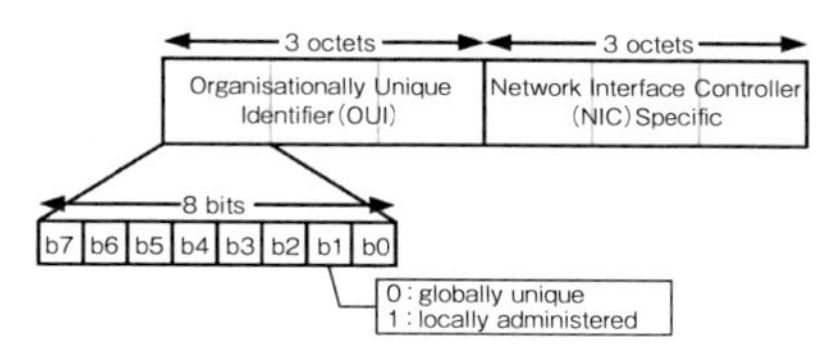

2017/02/18 ～03/18のデータを対象に調査
・1日ごとに下記の割合を調査
・パケットのランダマイズ率：平均 約13％
・端末のランダマイズ率：平均 約67％

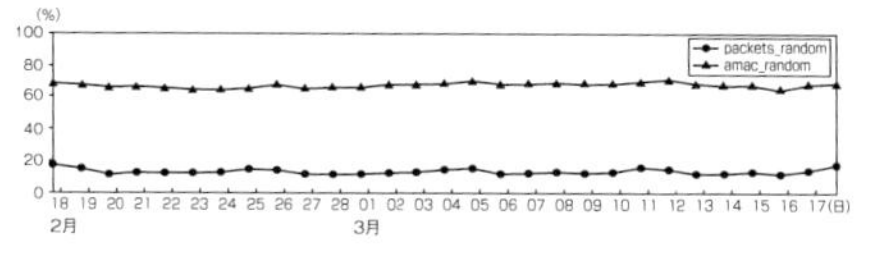

ランダマイズ端末

追跡可能性が他の人流分析手法に対しての利点であったのでかなり魅力が低減させられることになります。追跡可能性の低減はMACアドレスの切り替わりがどの程度の期間で起きているかによります。仮にWi-Fi基地局に接続するたびに変るとすると、最近ではスマートフォンはキャリアの運営する公衆無線LANを見つけるとLTE通信から自動的にWi-Fi接続に切り替える仕様が見うけられますので、かなり頻繁に追跡可能性が断たれることになります。この自動オフロードの仕様がなければ、接続したことのある基地局に遭遇しない外出中は切り替わりませんので施設内での移動に関する追跡可能性は維持されることになるでしょう。

追跡可能性は断たれても、その施設の各所にいまどの程度の人が滞在しているのかをサンプリングするにはいまなお有効な手法であるといえます。MACアドレスの切り替わりが起きていれば水増しが起きますが、所詮この手法では全数が知れる方式ではありませんので、大勢への影響はないでしょう。

POINT

- **現在はほとんどの探索要求パケット内のMACアドレスは乱数化されている**
- **乱数化の切り替わりで追跡可能性は断たれるが、現在でもその場にいる人数を反映した統計は取得可能**

64 環境がBLEビーコンタグの存在を把握する

ビーコン事業者間でのアライアンスが鍵です

ユーザにBLEビーコンタグを携帯してもらって位置情報を把握というケースは最近見かけるようになってきました。最も注目されている適用例は忘れ物防止と見守り事業でしょう。鍵やリモコン、携帯電話などのありかを確認したい対象や、こども、高齢者、障害者、認知症患者など見守りたい対象にBLEビーコンタグを携帯させて、探す側、見守る側が現在位置を把握するというサービス事業です。もちろん、BLEビーコンの受信機が環境になければビーコンを受信することはできませんので、事業者はその受信機（リーダ）を地域に展開します。こどもや高齢者の見守り事業では学校や塾、さらに自治体と連携して公共交通機関施設などにリーダを設置するとともに専用アプリによるカバー範囲の拡大をはかっています。

見守りでも忘れ物防止でも追跡対象の現在位置確認の専用アプリをスマートフォンにインストールして利用します。この専用アプリはBLEビーコンを観測して該当するタグを発見するとスマートフォンの現在位置と紐づけてクラウドにそれを集積します。アプリをインストールしたスマートフォンがリーダとして機能するわけです。この探索機能のみをライブラリ化して他のアプリにリンクしてカバー範囲を広げていくような方式もあります。リンクしてもらうアプリが人気アプリで多くのユーザがインストールしていればカバー範囲拡大に多大な貢献があります。このようなアプリ同士のアライアンスとともに事業者間でのアライアンスも有効であり、一部そのような動きもでてきています。2017年から加古川市が推進する見守り事業では、綜合警備保障、阪神系列会社およびJR西日本系列会社の3つの事業者が連携して、さらに市が提供する「かこがわアプリ」でBLEビーコンタグの見守りを実施しています。このようなBLEビーコン事業のアライアンスは今後広がり

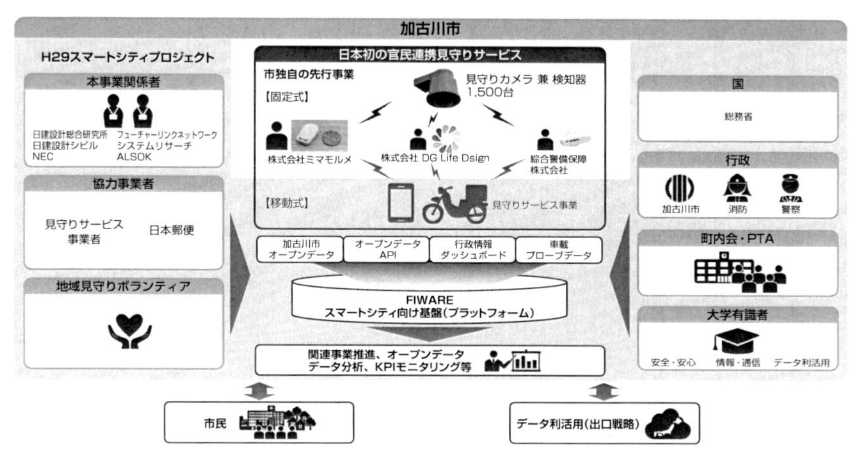

出典：加古川市他 2018年7月18日プレスリリース

加古川市の見守り事業

をみせることでしょう。

BLEビーコンタグ見守りのリーダとしてアプリを利用する場合に、屋内等で衛星測位が利用できない環境では高精度での位置特定をすることは困難になります。屋内で位置情報精度を出そうとすると専用のリーダを設置することになるのですが、近年ではいわゆる「IoTゲートウェイ」と呼ばれる機器が利用されるようになっています。この機器は環境側のセンサー機器からのデータをクラウドに収集するためのゲートウェイの役割を果します。環境側にBLEビーコンタグを設置するとき電池駆動とするのは施設管理の観点からは良し悪しです。いっそのこと電源を供給するのであれば、BLEビーコンタグを駆動するだけでなくタグリーダも配置し死活監視など管理機能を持たせたいでしょうし、Wi-Fi基地局や人感センサーその他の環境センサーも足したいかもしれません。「IoTゲートウェイ」は今後のエッジコンピューティングと呼ばれる分野でのキーパーツの一つといえるでしょう。

POINT

- スマートフォンアプリをビーコンリーダとして機能させる
- 注目は事業者同士のアライアンスとIoTゲートウェイによる屋内対応

65 屋内測位技術のBtoC活用

地下街、博物館・美術館が最初のターゲット

日本の屋内空間は世界でも有数の複雑さです。特に地下鉄が縦横に走る都市部では駅の接続性の向上を目指すあまり、駅同士や多くの施設が接続して複雑さを増しています。地図アプリやショッピング、グルメ系のアプリが同時に成長し、ITが併走して進化しつづけるのでその助けをあてにしてか、複雑さを建築的に解消することは半ばあきらめているかのようです。BtoCターゲットとしては都市の複雑化した屋内空間はまず対象となります。

地下街のナビゲーションは屋内測位がない時代からあります。大阪駅・梅田駅周辺地下街は日本でも有数の大規模地下街で、2つのJR駅、2つの私鉄ターミナル駅、3つの地下鉄駅が集っており、1日に200万人以上の利用者が往来するエリアです。「うめちかナビ」は2010年から携帯電話とウェブサイトによるバリアフリーナビゲーションのサービスを開始しました。当時のフィーチャーフォンのセンサーでの屋内測位には無理があったので、地下街各所に200箇所ほど場所を示すQRコードをつけたステッカーを貼付し、カメラでそれを読みとらせたり、場所コードの手入力で位置入力をしてナビゲーションを実現しました。複数の施設管理者が連携してこれだけ大規模な地下街ナビゲーションを実現した最初の例だといえます。「うめちかナビ」は2016年7月からAndroidとiOSのバリアフリーナビゲーションのネイティブアプリとしてリスタートしています。特にAndroid版ではWi-Fi測位をベースとした屋内測位を実現させており、この規模での屋内測位ナビゲーションアプリとしては最初の例だといえます。iOS版についても今後CoreLocationの屋内測位機能がオンになれば自動的に利用可能になっていくでしょう。バリアフリーは段差を避けることを考慮したものですが、最終的には地上にどのように出るかが期待されるため、目的地近くのエレベータまでの案内がなされます。多階

「うめちかナビ」アプリによる
大阪梅田地下街での屋内測位

クウジット「トーハクなび」でのWi-Fi/Bluetoothによる屋内測位（人形）とおすすめ作品（ピン）

BtoC活用例

層施設でのナビ径路では、表示された地図の階層の径路と違う階層の径路で色を変えるなど工夫されています。駅間の乗換え需要を考慮して改札口から改札口までの径路を見つけやすく実装しています。

博物館・美術館も屋内測位の活用に適したフィールドです。展示物に接近すると説明が適切に開始されるスマートフォンアプリとしては、2010年にクウジットが自社のWi-Fi測位技術であるPlaceEngineを用いて開発した東京国立博物館の位置連動型の博物館案内アプリが最初の例でしょう。「トーハクなび」と名づけられたこのアプリは、Wi-Fi機器を説明コンテンツのある展示物にホットスポット的に設置し、そこへの接近により説明をするAndroidとiOSのアプリです。iOSではWi-Fi電波観測が利用できないのでBLE機器で実装されています。2018年現在では展示室単位で説明コンテンツが切り替わるようになっていて、おすすめ作品も定期的に更新されています。

POINT

- **巨大地下街でのナビゲーション実装例である「うめちかナビ」アプリはWi-Fi測位ベース**
- **博物館案内アプリはクウジットの「トーハクなび」がサービス提供中**

66 屋内測位技術のBtoB活用

物流倉庫・工場・病院での活用

屋内測位はインフラの整備が必要なこともあって、BtoBターゲットの事例から始まることが多いようです。特に位置情報が必要となる物流倉庫や医療施設、製造工場などでは、いち早くその導入事例が見受けられ、今後は一定規模の施設には設置義務のある防災センターでの警備・災害対策などでも期待されます。このような環境では、BLEビーコンタグの設置と携帯端末によるPDRのハイブリッド手法が多く適用されているようです。高精度測位を必要とする場合には、UWB測位が用いられることもあります。

物流倉庫ではAmazonでのKivaと呼ばれる集配ロボットの導入が有名ですが、ロボット的な機能と検品・ピッキング等の作業をする人との協調作業が基本となっています。とにかく物流倉庫には多品種の製品が散らばっていますので、どのような配置にすれば効率がいいかは常に課題となっています。必然的に作業者の移動が多ければ配置が悪いこともわかりますので、その統計情報を取りつづけられることが望まれます。

医療施設では、医師・看護師、入院・外来患者、医療機器の位置情報を把握することが重要とされています。IoTゲートウェイにWi-Fi機器、BLE機器、旧IMES機器を混載して運用しているのが福井大学医学部付属病院です。特に看護師の移動に注目した位置情報分析が実施され、日勤表、作業日誌の自動生成を支援しています。これにより個々の作業での医療過誤の防止と、これまで記憶や煩雑なメモ作業に苦しめられていた作業日誌の作成が短時間で終えられるようになり、残業の削減などの効果がでているといいます。

製造工場では作業者がどのように移動しながら作業をしているかを分析することによって、より作業効率を上げるための課題の発見ができることが重要です。マルティスープ社は自社のiField Indoorソリューションをジャパ

災害対策本部で使用するBtoBアプリのイメージ

ンセミコンダクター大分事業所で展開して、人、モノ、設備の位置情報の可視化・分析を実施しています。それぞれの動態管理とその視覚化アプリ、与えた条件に合致する場合のイベント通知により作業中の待ち時間の低減に効果がでているとのことです。さらに、作業者の動線分析ツールにより、ベテランと未習熟作業員での明らかな差の視覚化に成功しています。ベテラン作業員は移動そのものが有意に少なく、また、途中で次の作業に必要なモノを取ってくるなど、付加価値のない移動がほとんど発生していないことがわかりました。加えて、作業員によって1日の作業の間での移動の発生分布に働き方のタイプを示す特徴的なパターンもわかりました。

POINT

- 物流倉庫、組立工場、医療施設などでは人・モノ・設備の位置情報分析に新しい価値が隠れている
- BtoBターゲットでは作業員の移動を分析することによって課題発見、働き方タイプ分類などが可能

67 屋内測位技術のBtoG活用

緊急時、災害時での活用例

BtoB活用は施設の防犯・警備でもありえます。警備員の現在位置を施設内で常時把握する動態管理システムは今後可能になり次第とりいれられていくでしょう。防犯・警備事業は一定以上の広さの施設では防災センターを設置し運営することが義務づけられています。さらに災害時などの緊急時には警察、消防隊・レスキュー隊との連携も必要になります。この連携はBtoG（Government、政府）活用といえるもので、特に施設情報を把握した作業が必要となる消防にとっては今後ますます重要性が増してくるでしょう。

建築物には建築基準法と消防法で規定されるさまざまな規制があり、非常灯、誘導灯の設置も義務づけられています。誘導灯は通路誘導灯と出口誘導灯があって、通路の交差点から出口へと誘導するために適切な箇所への設置義務があります。自動火災報知設備の感知器は天井高とその種別によりますが一定平米あたりの設置義務があります。これらはちょうどBLE機器などの屋内測位インフラを設置したい箇所に設置されているともいえます。実際に誘導灯や感知器にBLE機器を追加する試みがなされています。

救助活動は照明が落ち、煙が充満し、視界は10 cm程度まで失われた中で、出入口に待つ隊長とロープでつながれた状態で行なわれます。壁面とバディを手で確認しながら低い姿勢で床面上に誰かいないかを手足で走査しながら進みます。このような体勢でのPDRはまさにXDRの領域で、その研究や、HMD搭載の面体のプロトタイプ実装などはありますが、実践投入にはまだ至っていません。施設内地図のデジタル化、屋内測位インフラの普及、救助隊装備のIT化が揃って初めて可能になるといえます。

2007年から総務省によって、携帯電話の緊急通話に発信者の位置情報が自動的に追加されるようになりました。Apple Watch Series 4ではユーザの

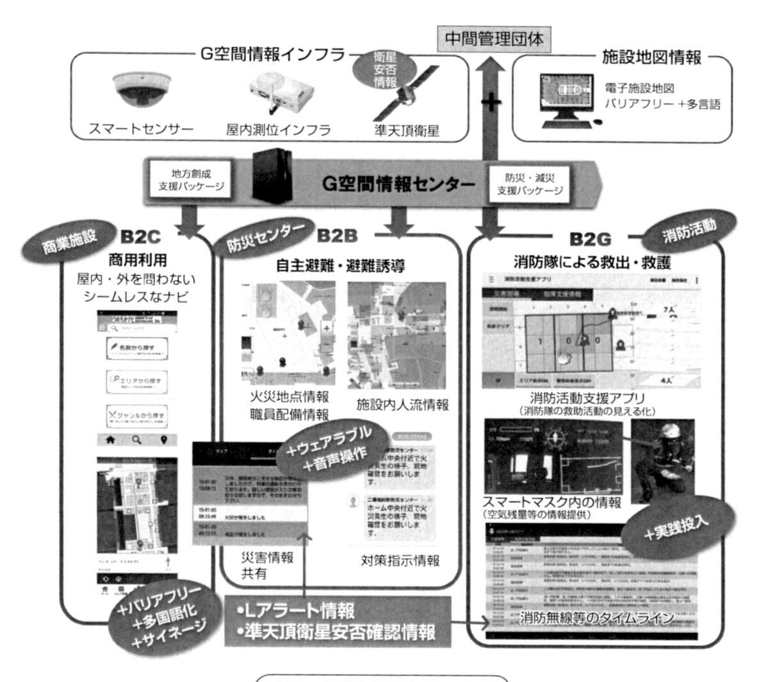

BtoG活用イメージ

転倒を認識して自動的に緊急通報する機能が実現されました。今後はユーザの緊急時に位置情報発信の機能が規定されることもあるかもしれません。信号リーダの仕様が公開され、それを発信できるアプリをユーザが自分の意思で使用するところからスタートする可能性もあるでしょう。いずれにしろ、屋内測位が自分の命を守るために必要とされる時代が近づいています。

POINT

- 施設の自衛消防と公設消防の連携はさらなるIT化が望まれる
- 施設地図、消防設備（屋内測位インフラ）、消防士装備のIT化が揃って進化する必要
- 携帯電話からの緊急時の位置情報発信機能と消防隊・レスキュー隊との連携

COLUMN

Wi-Fi探索要求パケット観測 vs 個人情報保護

2013年にロンドンのゴミ箱がIoT化しました。ここにWi-Fi探索要求パケットベースの人流センサーも入ったのですが、ロンドン市民の不興を買ってロンドン市から中止させられました。ユーザが許諾したアプリから位置情報を提供してもらう方式と比較すると、オプトイン（位置情報取得の承諾）手段がなくオプトアウト（拒否もしくは承諾の撤回）手段のみ提供されていましたが、それが誠実に実施されるかに懸念が持たれることもありました。この方法は運用に注意しないと個人情報保護の観点から大きな問題となりえます。

この手法の実施には実施エリアに入るときにまず告知が明確になされていることが必須で、さらにオプトイン手段が用意され、オプトインしない場合の観測回避手段が事前に用意されることも望ましいでしょう。

このWi-Fi探索要求パケットを用いる手法はMACアドレスの乱数化によってやや魅力を失いつつありますが、災害が起きたときなどの非常時には残留者を発見するためなどに有効な方法だといえます。日常時、非常時を考えあわせた、より有効な個人情報保護の具体的な利活用ガイドラインが望まれています。

第 9 章

屋内測位の新しい可能性

68 Wi-Fi測位の新しい可能性

MITのChronosのために新しい規格を

2018年のIEEE802.11mc規格でのWi-Fi RTTプロトコルとAndroid Pieによる採用は状況を大きく変えるかもしれません。現在、主流で普及している最新規格は802.11acですが、これらが策定されたのが2014年で1年とかからずに普及しました。ビームフォーミングやMIMOの効率化などギガビットWi-Fiを実現する魅力的な規格であったことが牽引しましたが、mc規格はWi-Fi RTTしか主要なアップデートがなく、必ずしもすべてのユーザの利便性に関係するとも限らないので、あくまでも普及すればの話です。

別の話題としては、MITが2016年に公開したChronosという技術があります。Wi-Fi規格は2.45 GHz帯と5 GHz帯で30以上の周波数に広がっていますが、これら全部をスキャンしてそれぞれの位相差を知ることで基地局と受信機の間の距離を数cm以下の誤差で特定できるとのことです。802.11mc規格は高精度な計時機能に依存するので測距精度が1桁以上違いますし、現在普及しているハードウェアが既にマルチチャネル、マルチバンド対応であるために可能性のある方式と主張されています。これで基地局との距離が測定可能となれば、3つ以上の基地局との距離関係から自己位置推定が可能になるわけです。最初のキャリブレーションが必要など制約はあるようですが、すべての基地局との間で測距が可能になれば有望といえるでしょう。

Chronosは現在普及しているハードウェアで実装可能だとしても、基地局や受信機のファームウェアおよび受信機側のデバイスドライバーへの改変、もしくは何らかのやり取りは必要ではないかと考えられます。Chronosがベースとしている技術はNDFT（不均一離散フーリエ変換）とCSI計測です。CSIはChannel State Informationの略で、送信機のチャネルごとの動作管理状態を表しますが、それを扱うためのCSIツールと呼ばれるソフトウェ

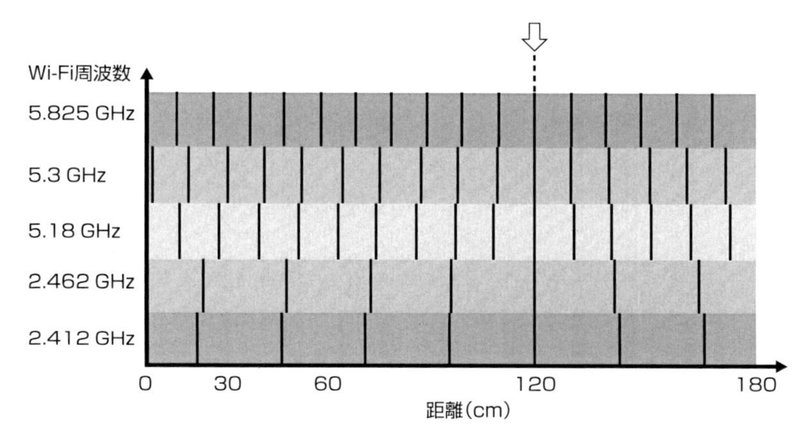

MITのChronosではWi-Fiで使用されている複数の周波数の位相をCSIツールで制御した上で、基地局からの距離を計算しています

MIT Chronosの位相差を活用した測位技術

アが特定のハードウェア用にしか存在せず、なかなかこの方式が普及してこないことを考えると、その制約を解消するのが難しいのかもしれません。もともとChronosは2011年にIntel 5300用にLinux上で構築されたCSIツールを用いて実装されました。2017年にAtheros社のチップ用にCSIツールが発表されたのみで、2018年現在、他のCSIツールは存在していません。Chronosが発表されてから時間も経過していますし、この方式は業界全体で規格化して普及させるなど802.11mcと同様の後押しが必要と考えられます。Chronosが優秀な測位方式であっても、802.11mcと同様に基地局の設置情報は都度必要となるので、そのためのビジネスモデルの確立が必要となります。

POINT

- IEEE802.11mcのWi-Fi RTTプロトコルに期待だが、普及するかは不明
- MIT Chronosの複数周波数波の位相差による測距方式は有望で、CSIツールの開発普及が急務

69 BLE測位の新しい可能性

AoA方式で高精度測位

フィンランドのNokiaからスピンアウトしたスタートアップであるQuuppaが注目されています。QuuppaはBLEビーコンタグからの電波のAoA（Angle of Arrival）方式での分析技術をベースとして測位技術を提供しています。通常のBLE測位は電波強度をベースとした方式ですが、AoAであるために1m以内程度の誤差に押えることができており、格段に向上しているといえます。もともと、MIMOやビームフォーミングなどのマルチアレイアンテナを活用した技術をNokiaで研究していたチームがそれをBLE電波のAoA分析に適用することによって実現させています。Quuppa社のYouTube映像では、アイスホッケー選手とパックにBLEビーコンタグを装着して、それらのリアルタイムの移動軌跡をPC上で表示できているところを見ることができます。

測位インフラとしてはマルチアレイアンテナによるリーダを環境側に設置し、測位対象はBLEビーコンタグを持ち歩くことになります。リーダの設置は反射波の対策などノウハウはあるようです。ベルマーレ湘南のフットサルチームの練習コートがある小田原アリーナに設置された環境では、8つのリーダと1台のPCで測位インフラが構築されていました。AoA方式ですので、タグ位置の高さが固定されていれば1台のリーダで測位可能ですが、複数のリーダからの出力を1台のPCで統合することによって精度と測位範囲を拡大させています。この測位方式は高精度の測位環境を特定のエリアで実現させたいという用途向きで、おそらくライバルはUWB測位となるでしょう。UWB測位と比較すると、設置のノウハウは同程度に必要、持ち歩くタグがポケットに入っていても対応できるというところと、リーダ以外は民生のBLEビーコンタグを読み取れるのでコストのハードルが少し低いところ

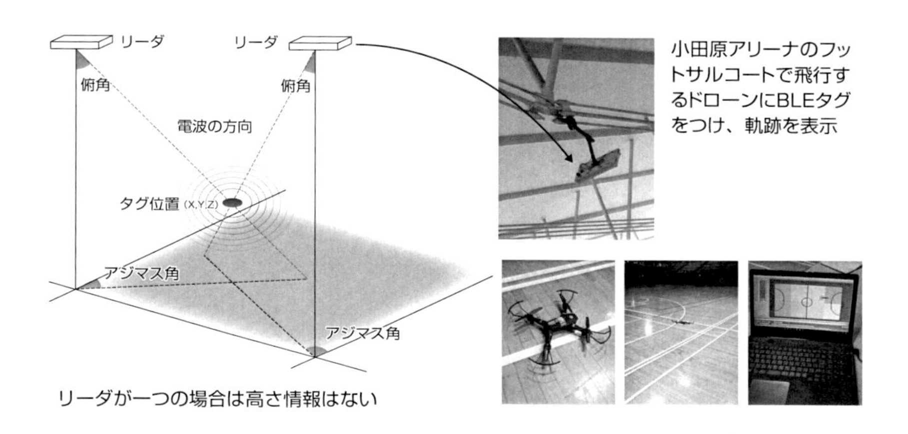

AoA方式の測位

がアドバンテージかと思われます。測位精度はUWBの方が若干高いように思いましたが、それももちろん用途によるでしょう。

BLEビーコンは基本的に放送されるもの、つまり誰にでも観測可能です。BLE測位では単なるID発信機としての側面がフォーカスされますが、誰に読みとられても問題がなく、それぞれに利益がある情報であればビーコン自体に放送したい情報を載せることも有用であると思われます。GoogleのEddystoneでは単にID情報だけでなく、URLを配信する等の拡張もあります。これは広告用途でしょう。電通国際情報サービスが推進するSynapSensorではID自体にBLEビーコン発信機器が装備しているセンサーの出力を載せるという提案がなされています。屋内測位が最も困難だと思われる地下鉄乗車中に車両から現在位置や乗車している車両番号をビーコンに符号化して放送できれば、それを活用した有益なアプリが実現できるはずです。

POINT

- BLE測位ではQuuppaによるAoA方式で高精度の測位が実現可能
- BLEビーコンは一意である必要はなく、それに情報を符号化して放送することも可能

70 深度センサーの可能性

Kinect、Project TangoからFace IDへ

自動運転で最も注目されているセンサーは3D LiDAR（Light Detection and Ranging, Laser Imaging Detection and Ranging）でしょう。レーザ光をパルス状に発光してその散乱光を測定してパルス毎に測距する仕組みで、これを上下左右に照射することで自己位置を取り囲む広範囲の環境の形状を検出します。これによって得られるデータは地面や壁面を多量の座標点として表す点群データ（Point cloud）と呼ばれるもので、点群がとれるセンサーを一般に深度センサーといいます。これを事前に生成した点群地図とのパターンマッチによって自己位置を推定します。レーザ光ベースのLiDARはまだ1台あたり数十万円から数百万円と高価で小型化もできていません。しかし、Microsoftが2010年にXbox 360のジェスチャー認識用のコントローラとして発売したKinectによって道が開けました。赤外線センサーとカメラから構成されるKinectは同様の点群データを生成することができました。制約は、典型的なLiDARが自己位置を中心として水平面は全方位、垂直には30°、100 m先までカバーできるのに対し、Kinect v2は水平面70°、垂直には60°で4.5 m先となり、赤外光を利用しているので太陽光が強いエリアでは利用できません。ゲーム用途では十分の仕様だといえるでしょう。

2016年に発売されたLenovoのProject Tango対応スマートフォンPhab 2 Proの深度センサーは筆者らの実測で水平面が70°、垂直には30°で4.5 m先までカバーできました。Tango端末は屋内の点群地図を用意できれば自己位置推定も可能な端末で、そもそもモーショントラッキングと呼ばれる端末単独の相対位置の推定もVisual SLAM（Simultaneous Localization and Mapping）技術によってフロアを一周しても1 m以内の誤差と良好でした。筆者らは得られる点群データから空間をキャプチャして歩行空間ネットワー

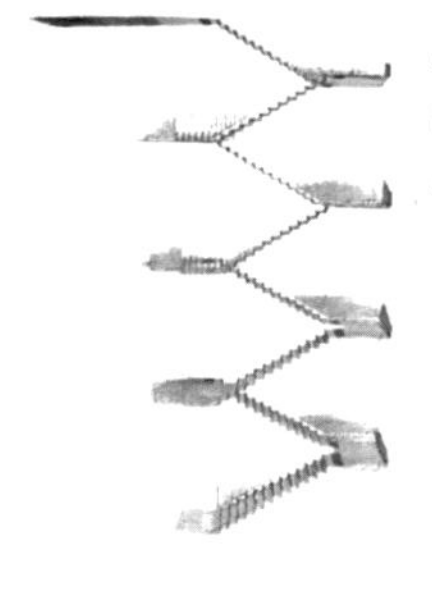

一度取得した点群データは3D座標を持ち、自由な視点から視覚化可能

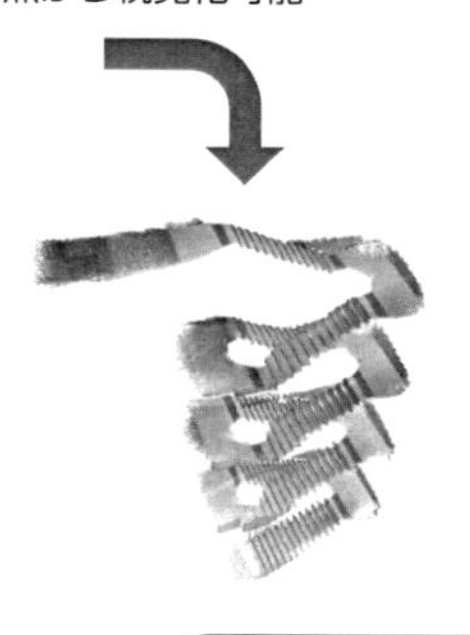

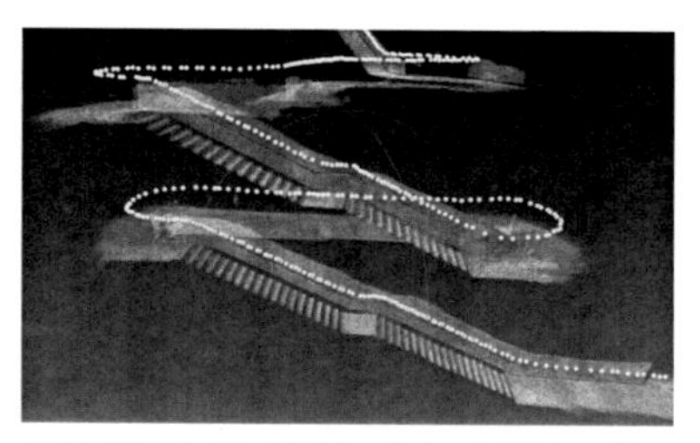

空間構造を示す点群データと、深度センサーの軌跡を表すモーショントラッキングデータが同時に取得可能

点群データの活用

クデータの基本的な要素を半自動で構築する実験を実施しています。Project Tangoが終了し、このように画期的な機能をもつ端末はなくなりましたが、もしも引き続き発展を続けていたらと思うと非常に残念です。

Project Tangoが終了した同じ年に新しい動きがありました。AppleがiPhone Xで導入したFace IDです。これはiPhoneのインカメラ側に深度センサーを搭載することによって実現しています。AR用途から認証用途に変えて深度センサーが携帯端末に採用される可能性がつながったといえるでしょう。他にも二眼以上のカメラレンズを搭載する機種も増えてきています。iPhone Xの深度センサーは開発者にまだ利用を開放されてはいませんが、これらの新しいセンサーを活用していくことによって、屋内空間をより精度よく認識し、これまでになかったようなより直感的なナビゲーションサービスや、それにとどまらない位置情報サービスの展開を期待したいところです。

POINT

- 深度センサーが身近になって点群データを屋内でも活用できるようになった
- 屋内の点群地図や、そこから自動的に空間モデルを生成して、新しく活用することが期待される

71 カメラ画像認識の可能性1

ARアプリの発展とともに

カメラ画像の認識ではこれまでOpenCV（Intelが開発したオープンソースの画像処理ライブラリ）を中心として開発されてきましたが、AndroidのARCore、iOSのARKitといったAR（Augmented Reality：拡張現実）のスマートフォン実装が着々と準備されつつあります。これらのスマートフォンライブラリでは、モーショントラッキング、平面検出、環境光源認識、特徴点抽出、端末間での空間共有、マーカー画像認識などが可能です。モーショントラッキングは起動直後の位置を原点として、端末の移動軌跡を推定する機能で、カメラによるPDRとして活用できそうです。平面検出機能は床と壁を検出させて空間構造を認識し、歩行空間ネットワークデータの自動生成用ツールとして期待が持てます。特徴点抽出やマーカー画像認識は端末への絶対的位置情報の付与に使えそうです。

Googleは2014年からProject Tangoと呼ばれるARアプリ開発者向けの空間認識機能の開発を続けてきました。Tangoデバイスと呼ばれる、深度センサー、広角カメラを備えた特殊なAndroid端末をターゲットとし、特殊とはいえ簡易なデバイスでLiDARほどの広範囲ではないが細かな空間の認識が可能でした。何より赤外線を用いた深度センサーによって生成される壁面、床面の点群データが空間認識の分解能を高められたことと、広角カメラとのステレオ画像認識により端末のモーショントラッキング性能を比較的高い精度で実現できたことは大いに評価できました。2017年にProject Tangoの終了とARCoreへの機能引き継ぎを発表し、特別なセンサーのないスマートフォンでも動作可能にして、ARアプリの普及に梶を切りました。

2018年現在のARCoreの性能は、深度センサーとステレオカメラを失なったため空間認識や平面検出の精度が下りました。一箇所に留まって利用する

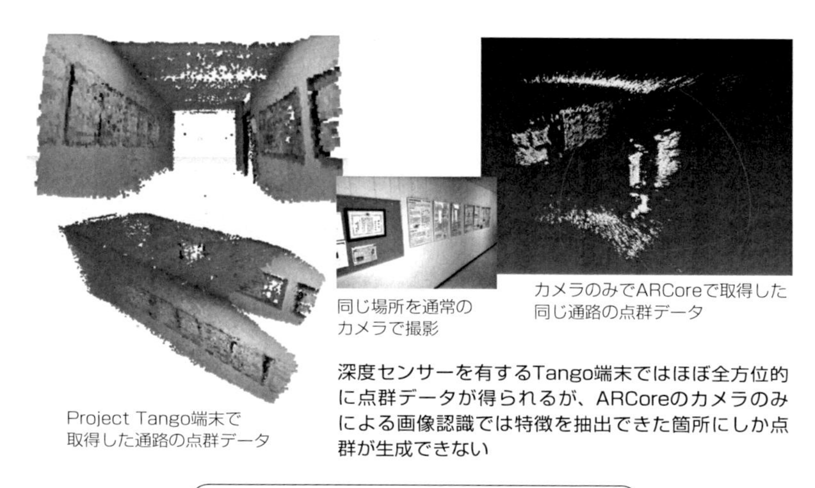

Project Tango と ARCore のデータ

ものは良好ですが、移動しつづけると現在位置を勘違いして逆戻りすることがあります。以前に抽出した特徴点と似たものが認識されると生じるようで、他のセンサーとのハイブリッド手法の開発が必要だといえるでしょう。

今後の期待は近年増えつつある二眼カメラのサポートによるステレオ画像解析機能の強化です。これによって空間認識の精度をProject Tango時代にまで回復できる可能性があります。また特徴点抽出もステレオ画像より適切で効率の良いものが生成でき、さらにそのデータベース化とユーザ間共有が可能になれば、屋内の公共空間における絶対位置情報の充実が進むと思われます。デバイス自体をスマートフォンというフォームファクタから進化させる必要もあるでしょう。ウェアラブルで工学センサーのみが露出したものや音声でのガイドが普及すれば歩きスマホの解消にも貢献できるはずです。

POINT

- スマートフォンのARアプリ開発技術の発展によって空間認識技術とモーショントラッキング技術の進歩が期待
- 二眼カメラのサポートや特徴点のデータベース共有、ウェアラブルデバイスに期待

72 カメラ画像認識の可能性2

絶対的位置としてのCloudAnchor

ARCoreが処理している流れについて少し詳しく追いかけてみましょう。ARCoreでは特徴点抽出、点群データ生成、平面検出の順に処理がつづきます。ARCoreでは深度センサーを用いず画像データのみをベースとしていますので、画像認識の基礎となる光学的な特徴点を抽出することが最初です。これは静止画に対して行なわれてエッジ、角や模様などの特徴を持つ箇所に生成されます。その後、端末が位置を変えてカメラが以前に抽出された特徴点と同じものを認識できると、端末のモーショントラッキングが可能になり、その同定された特徴点に三次元座標が付与できるようになります。この特徴点が点群データです。よって、画像認識の助けとなるような特徴量がでないような箇所には特徴点が抽出されませんので、そこには点群も生成されません。ここが均一に点群データを生成できる深度センサーと大きく異なるところです。特徴点の少ないモノトーンの壁や床は生成される点群データも希薄となって、苦手なエリアとなってしまいます。点群データが十分に生成されると初めて平面検出が可能になります。水平な床面とそれに鉛直な壁面の認識が後につづきます。この状態まで処理が進むと一段落で、端末のカメラと周囲の空間との位置関係が認識され固定されたことになります。

位置関係が固定されると3Dモデルを認識された平面上に出現させられるようになります。ARCoreではモデルの出現位置としてAnchorと呼ばれるものを作成します。順次作成されるAnchorが相対的な位置関係を保持することですべてのモデルの相対的な位置関係を確定させていきます。いよいよ屋内測位にARCoreを活用しようと考えると、絶対位置の指定が必要になります。それは作成したAnchorのどれかを絶対位置と紐づけることです。

ARCoreにはCloudAnchorという機能があります。これは複数の端末にお

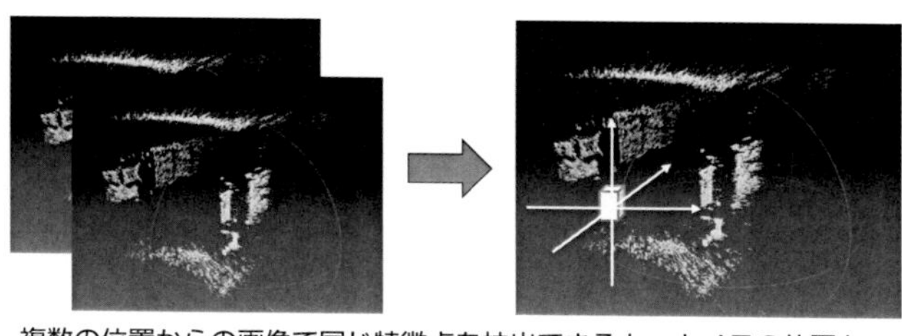

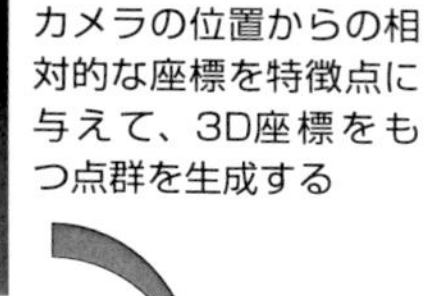

複数の位置からの画像で同じ特徴点を抽出できると、カメラの位置を把握（モーショントラッキング）できる

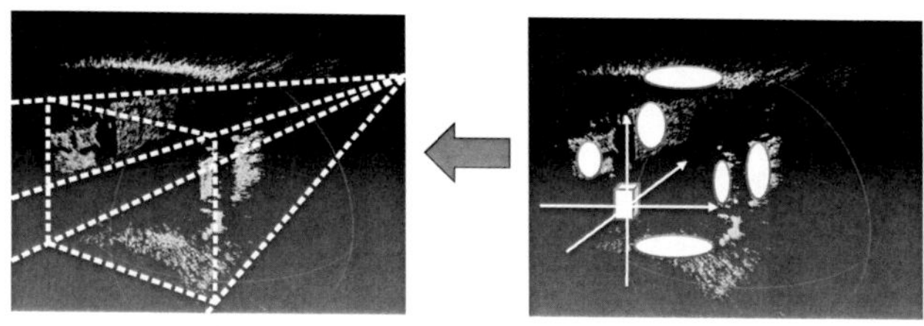

点群の分布を分析して水平面と垂直面を検出する

ARCoreでの平面検出

いて見ている空間をマルチプレーヤーで共有するための機能で、特定のAnchorをクラウド上に登録保存して共有します。iOSのARKitを用いたアプリとも共有が可能です。理論的にはこのCloudAnchorに絶対位置を紐づけて共有して、現在位置で確認できるCloudAnchorを検索できれば現在位置推定はできそうですが、まだおそらくそのような用途は想定されていないと思われます。近くにいる2つの端末が同期するのにも少し時間がかかるようで、そのためにNearByという近隣のAndroid端末同士での通知機能が導入されているようです。残念ながらクラウド上に保存されたCloudAnchorを探索するのは現状では実質的に不可能ですが、今後に期待したいと思います。

POINT

- ARCoreでは特徴点を抽出し、三次元座標を付与して点群データにして、平面を検出
- 特定の位置と方向を示すCloudAnchorを登録して共有することで絶対位置を表現

73 人感センサーの可能性

個人を特定せず動線のみを特定する

赤外線センサーによる人感センサーは自動ドアや各部屋の人の有無を感知したり、施設の出入口などで入場者数の計測に用いられています。このような焦電型のセンサーよりも高解像度で人の出す赤外線を感知できるサーモパイル型の人感センサーが実現されています。オムロンの製品では3m高の天井に設置して5m四方のエリアのどこに人がいるかを感知できます。これによって照明や空調の制御などに利用することができます。最近はこのような高度な人感センサーを用いて店舗内での顧客の動線調査およびその分析を含めたインストア・マーケティングが可能になってきました。

センサーとしては要請に応じて赤外線センサー、深度センサー、ステレオカメラ、超広角・魚眼レンズカメラ、レーザレンジファインダ、3D LiDARなどが適宜使い分けられているようです。深度センサーやLiDARでは3Dでの移動体の検出ができ、他は2D平面で切った中での検出になります。いずれも機械学習アルゴリズムなどを利用して、複数人の同時認識（グループで行動する場合にこの中のメンバーを識別しつづけること）やオクルージョン（隠れ）問題の解消（陳列棚などに隠れて検知できない期間があっても追跡しつづけられること）、すれ違い後の認識（直進か引き返しかの判定ができること）などの実現にチャレンジしています。これらの方式では顧客の測位誤差自体は数cm程度で人の向きも認識できますので、多くの情報がリアルタイムにデジタル化できて、さらに分析にも機械学習が適用されます。

高精度測位以外の利点としては、単なるカメラと比較すると、同一顧客を追跡することは可能であるが個人の特徴をデータとして残さず、個人の特定がされないのでプライバシー侵害の観点からは顧客からの理解を得られやすいというところでしょう。エリア内での調査内容に関しての告知、許諾（オ

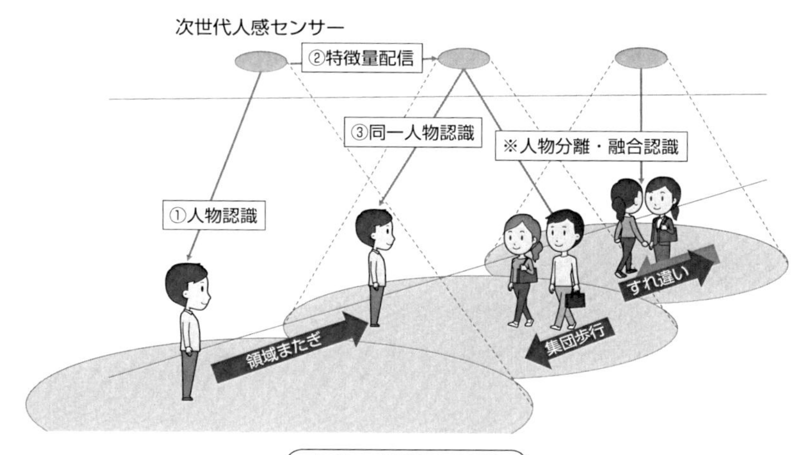

人物の認識と追跡

プトイン）と、除外要求（オプトアウト）ができることは今後ますます必要になってくることは確かだと思われます。顧客に特に何かを携帯してもらったり、登録してもらったりする必要がないことも大きな利点でしょう。

難点は対象範囲があまり広くはないことでしょう。必然的に複数台の設置が必要になります。できるだけ上方から検知したいので天井への設置工事が設置台数だけ必要です。また、複数台の設置はセンサー同士の連携機能（リピーティング）のサポートがあるかも課題となります。隣接したセンサーの境界エリアを人が行ったり来たりすると、この認識も簡単ではありません。

特定エリアでの人の流れや滞留、何を目的としているのかの行動認識は今後も需要がありつづけると思われます。これからも携帯端末やアプリだけでなく環境側の多彩なセンサーが提案されて活用されていくでしょう。

POINT

- **赤外線その他を用いた高度な人感センサーによるインストアマーケティングが始まっている**
- **カメラよりもハードルが低く顧客は何も持たなくてもよいが、高度な移動者認識は最後まで課題**

74 屋内測位が開く新しい可能性

ソフトやハードだけではなくライフスタイルも進化しつづけます

屋内測位は現状ではとても簡単だとはいえません。さまざまな手法があって、それらを適材適所で組合せたハイブリッドが必須です。センサーも複数必要ですし、単にユーザが持ち運ぶものだけでは済まなくて施設側でも屋内測位のためのインフラ整備が必要となる場合がほとんどです。しかし都市はITが発展すればするほど複雑化して、ITの助けがなければどこにも行けない時代になっていくような気がします。Google Mapsがなかった時代、衛星測位がなかった時代、携帯電話がなかった時代、私達は一体どのように人と待合せたり、初めてのお店に訪れていたのでしょうか。このような状況の中、ITに限らずあらゆる科学技術が進化しつづけていくはずです。

今後どのような技術の進化が予想されるかを夢想してみます。まず、PDR測位やWi-Fi測位といったアルゴリズムはすべて専用のハードウェアが処理するようになるでしょう。802.11mcのRTT機能が規定されたのも、iPhoneにモーションコプロセッサが搭載されたのもそのさきがけかもしれません。新しいハードウェアとしては、高精度IMUが搭載されて累積誤差がほとんど発生しないXDRが実現するかもしれませんし、衛星測位に利用されているような原子時計が端末の中に搭載されるほど安価になって、電波でToF測位方式が可能になってしまうかもしれません。いずれはカメラが機械学習を進めて、いまより多くのモノを認識してくれるようになるでしょう。

屋内地図や歩行空間ネットワークデータは一体誰が作るのでしょうか。もうしばらくするとそれは施設内をドローンが飛行して、歩行空間ネットワークデータや屋内地図だけはなくて、インドアビューも3D地図も自動的に作成されて、変化が起きるごとに勝手に更新されていくかもしれません。

位置情報を活用した産業やサービスは屋外では衛星測位を利用して拡大し

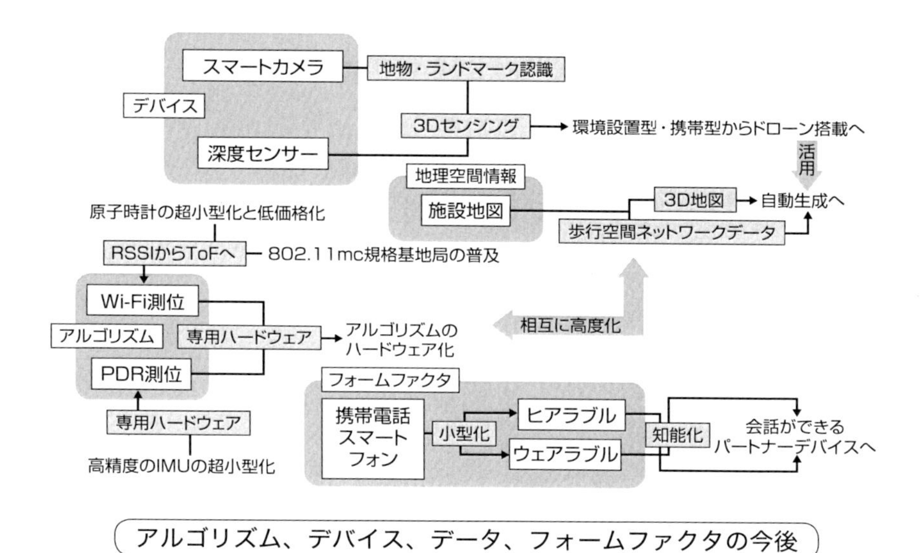

アルゴリズム、デバイス、データ、フォームファクタの今後

ています。それが、人々が人生の2/3を過し、経済活動のほとんどが行なわれている屋内に展開されないはずはないのです。

スマートフォンを活用する生活形態が始まってもう10年が経過しました。その前の10年はフィーチャーフォンの携帯電話がインターネット接続するようになった時代でした。その前の10年はPCがようやく普及した時代です。これでわかるのはスマートフォンの時代がこれからもずっと続くとは思えないということです。この次はウェアラブルともヒアラブルともいわれていますが、わざわざ端末を取り出さなくてもセンサーが常時、個々のユーザのために周囲の環境で起きていることを認識しつづけていて、自分のパートナーとなるAIがナビゲーションにとどまらずさまざまな局面に対応した案内やアドバイスを出してくれるのがあたりまえになってしまうかもしれません。

POINT

- **将来は屋内測位に専用のハードウェアが実現**
- **スマートフォンの時代はほどなく終って、新しいフォームファクタでは知的なセンサーとAIがアドバイスする**

COLUMN

覇者は誰か？

これまで説明したように、屋内測位とそれに関連するサービスの運用には多様な技術、インフラ整備、データ整備、これらの維持管理のコストが必要になり、それに見合った見返りがなければなかなか導入が難しいでしょう。例えば一つの施設だけが屋内測位を可能にしても、そこから出て隣の施設に入ったら測位できなくなってしまうのはユーザにとっては理解しがたいでしょう。小規模なエリアでのサービスだとしても、そのエリアのほとんどの施設を含んだサービスが実現できるためのエリアマネジメントが必須であることがわかります。エリアマネジメントを実現するためには互いに共通の利益を目指す前提が必要です。前述の「うめちかナビ」は地下街管理会社、鉄道会社など6団体の協議会により、当該地区への来街者へのバリアフリー情報提供を目的として運営されています。公共空間での便益提供を考えると官民連携でのエリアマネジメントもありえる形かと思われます。一方でOpen Street Mapのようなオープンデータ構築活動による公共空間の整備も、FOSS4Gのようにフリーで利用できるツールが充実してくれば可能性があります。最後にAppleやGoogleなどのように、施設管理会社に直接はね返る利益にこだわらない事業ができる会社は限られてはいますが、彼らが覇者になる可能性も大きいといえるでしょう。

● 参考文献

- Roy Want, Andy Hopper, Veronica Falcão, and Jonathan Gibbons: "The active badge location system", ACM Trans. Inf. Syst. 10, 1 (January 1992), 91-102.
- Andy Harter, Andy Hopper, Pete Steggles, Andy Ward, and Paul Webster: "The anatomy of a context-aware application", In Proceedings of the 5th Annual ACM International Conference on Mobile Computing and Networking (MobiCom 1999), pages 59-68, August 1999.
- Paramvir Bahl, and Venkata N. Padmanabhan: "RADAR: An In-Building RF-based User Location and Tracking System" In Proc. IEEE INFOCOM (Tel-Aviv, Israel, Mar. 2000).
- Masakatsu Kourogi, Takeshi Kurata, and Tomoya Ishikawa: "A method of pedestrian dead reckoning using action recognition", in IEEE/ION PLANS 2010, pp. 85-89.
- Daisuke Kamisaka, Shigeki Muramatsu, Takeshi Iwamoto, Hiroyuki Yokoyama: "Design and Implementation of Pedestrian Dead Reckoning System on a Mobile Phone", IEICE Trans. ISS E94-D (6) (2011).
- Kaori Fujinami, and Satoshi Kouchi: "Recognizing a Mobile Phone's Storing Position as a Context of a Device and a User", In Mobile and Ubiquitous Systems: Computing, Networking, and Services, 2013.
- Kohei Kanagu, Kota Tsubouchi, and Nobuhiko Nishio: "Colorful PDR: Colorizing PDR with shopping context in walking", In Proceedings of the IPIN 2017 (2017).
- Masayuki Murata, Dragan Ahmetovic, Daisuke Sato, Hironobu Takagi, Kris M. Kitani, and Chieko Asakawa: "Smartphone-based Indoor Localization for Blind Navigation across Building Complexes", In IEEE International Conference on Pervasive Computing and Communications (PerCom), 2018.
- Deepak Vasisht, Swarun Kumar, and Dina Katabi: "Decimeter-level localization with a single WiFi access point", Proc. USENIX NSDI, pp. 165-178, 2016.

- 国土交通省総合技術開発プロジェクト「3次元地理空間情報を活用した安全･安心･快適な社会実現のための技術開発」
  http://www.gsi.go.jp/chirijoho/chirijoho40073.html
- 国土地理院「階層別屋内地理空間情報データ仕様書（案）」
  http://www.gsi.go.jp/common/000188408.pdf
- 国土地理院「屋内測位のためのBLEビーコン設置に関するガイドライン」
  http://www.gsi.go.jp/common/000198740.pdf
  http://www.gsi.go.jp/common/000198741.pdf
- 国土交通省「歩行空間ネットワークデータ等整備仕様」
  http://www.mlit.go.jp/common/001244374.pdf
- 国土交通省「歩行空間ネットワークデータ整備ツール」
  http://www.mlit.go.jp/sogoseisaku/soukou/sogoseisaku_soukou_tk_000041.html
- 国土交通省「高精度測位社会プロジェクト」
  http://www.mlit.go.jp/kokudoseisaku/kokudoseisaku_tk1_000091.html

本書に掲載したURLは2018年12月時点のものです。

索　引

数字・アルファベット

あ

か

さ

た

な

は

ま

や

ら

● 著者紹介

西尾 信彦（にしお のぶひこ）

・学歴

東京大学工学部計数工学科数理工学コース卒業（1986年）

東京大学大学院理学系研究科情報科学専攻修士課程修了（1988年）

慶應義塾大学大学院政策・メディア研究科 論文博士（政策・メディア、2000年）

・職歴

有限会社アクセス 研究開発室（1992～1993年）

慶應義塾大学SFC環境情報研究所（1993～1996年）

慶應義塾大学環境情報学部 助手（1996～1999年）

慶應義塾大学大学院政策・メディア研究科 講師（2000～2001年）

慶應義塾大学大学院政策・メディア研究科 助教授（2001～2003年）

立命館大学理工学部情報学科 助教授（2003～2004年）

立命館大学情報理工学部 助教授（2004～2005年）

立命館大学情報理工学部 教授（2005年～）

兼任：科学技術振興機構 さきがけ研究21研究者（2002～2005年）

兼任：Google Inc. Visiting Scientist（2007～2008年）

図解よくわかる　屋内測位と位置情報

NDC548

2018年 12月19日　初版1刷発行
2019年 12月20日　初版2刷発行

定価はカバーに表示してあります。

©著　者　西　尾　信　彦
発行者　井　水　治　博
発行所　日刊工業新聞社

〒103-8548　東京都中央区日本橋小網町14-1
電話　書籍編集部　03-5644-7490
　　　販売・管理部　03-5644-7410
　　　FAX　03-5644-7400
振替口座　00190-2-186076
URL　http://pub.nikkan.co.jp/
email　info@media.nikkan.co.jp

印刷・製本　新日本印刷㈱（POD1）

落丁・乱丁本はお取り替えいたします。　2018 Printed in Japan

ISBN 978-4-526-07904-7